Esoterik des Abendlandes

Band 3

Keplers Weltharmonik heute

Rudolf Haase

herausgegeben von Eckhard Graf
param

CIP-Titelaufnahme der Deutschen Bibliothek

Haase, Rudolf
Keplers Weltharmonik heute / Rudolf Haase.
Hrsg. von Eckhard Graf.
– Ahlerstedt : Param, 1989
(Esoterik des Abendlandes ; Bd. 3)
ISBN 3–88755–**005**–6
NE : GT

gesetzt auf Mannesmann-Tally Laser MT910™
mit der Bitstream™ Baskerville
Umschlagentwurf Karl-Heinz Koch
Herstellung Fuldaer Verlagsanstalt

Jo: Keplerus
Mathematicus

Abbildung auf der Vorseite

Johannes Kepler nach einem zeitgenössischen Stich von Jacob von Heyden; aus: *Mysterium cosmographicum*, hrsg. von Max Caspar. München 1938.

Abbildung Seite 135

Titelblatt der apologetischen Schrift, mit der Kepler sich gegen die Kritik Robert Fludds (1574–1637) zur Wehr setzte. Diese Auseinandersetzung mit dem berühmten Oxforder Paracelisten, Rosenkreuzer und Kabbalisten verdeutlicht das Bestreben Keplers, die eigene wissenschaftliche Grundhaltung beim Entwurf der Lehre von der Weltharmonie klarzustellen. Der Titel lautet übersetzt: *Die Verteidigungsschrift des Mathematikers Johannes Kepler für sein Werk (über die) Weltharmonik*. Aus [11].

Es mag überraschen

das Lebenswerk von Johannes Kepler (1571–1630) als Thematik eines Bandes in einer esoterischen Reihe wiederzufinden. Der große Astronom, einer der bedeutenden Wegbereiter naturwissenschaftlichen Forschens und Denkens, als Protagonist des esoterischen Weltbildes?

Die Verbindung erscheint befremdlich, zumindest erklärungsbedürftig; wird der Name Kepler doch im Zusammenhang epochaler Entdeckungen bewahrt, die dem Geist rationaler Welterkenntnis neue Horizonte eröffneten.

Freilich ist Fachleuten von jeher auch eine andere Seite in Keplers Schaffen geläufig. Die religiöse Stimmung vieler seiner Schriften schien jedoch wenig zum Bild eines Fackelträgers kritisch-experimenteller Wissenschaft zu passen. Eine Peinlichkeit gar war manchen Historiographen die lebenslange Tätigkeit als Astrologe seiner reichen und mächtigen Mäzene. Dieser Kepler wurde von der Nachwelt bestenfalls verschwiegen oder bagatellisiert, nur zu oft jedoch auch verlacht oder verunglimpft.

Es ist das Verdienst des Autors dieses Bandes, im Laufe seiner jahrzehntelangen Forschungs- und Lehrtätigkeit sich immer wieder von verschiedenen Seiten dem Werke Keplers genähert zu haben, ohne sich den Blick durch verbreitete Vorurteile verstellen zu lassen. Als Musikwissenschaftler und namhafter Repräsentant der harmonikalen Grundlagenforschung ist er in besonderer Weise berufen, gerade die ignorierten Aspekte im Schaffen Keplers zu würdigen und in Beziehung zu geistesgeschichtlichen Überlieferungsströmen zu setzen, deren Bedeutung heutigentags wieder zunehmend erkannt wird.

Es kennzeichnet die methodische Stringenz und interdisziplinäre Bedeutsamkeit von Rudolf Haases Arbeiten, daß sie nicht nur der harmonikalen Grundlagenforschung im Gefolge von Albert von Thimus und Hans Kayser neue

Impulse vermittelten, sondern daß sie auch im Kreise der Kepler-Kommission der Bayerischen Akademie der Wissenschaften den Anstoß zu einer überfälligen Korrektur des Kepler-Bildes gaben.

Aus der Vielzahl von Einzelschriften, die Rudolf Haase in mehr als drei Jahrzehnten wissenschaftlichen Arbeitens veröffentlicht hat, wurde für diesen Band ausgewählt und zusammengestellt, was dem Kenner wie dem interessierten Laien eine inspirierende Zusammenschau bietet.

Der Param Verlag schätzt sich glücklich, mit diesem Band nicht nur einen Beitrag leisten zu dürfen, das Kepler-Bild unserer Zeit zu korrigieren, wir freuen uns um so mehr, daß wir Rudolf Haase diese kleine Werkschau im Jahr seiner Emeritierung vorlegen können.

Der Herausgeber

Harmonikale Grundlagenforschung – eine neue Wissenschaft

Vor genau einhundert Jahren wurde der erste Band eines der eigenartigsten Bücher der Öffentlichkeit übergeben. Es hieß: *Die harmonikale Symbolik des Alterthums,* und es hatte als Verfasser Albert von Thimus, einen universell gebildeten Gelehrten (vgl. [34]). Sein zweibändiges Foliantenwerk leitete eine neue wissenschaftliche Ära ein, nur war er selbst sich dessen noch gar nicht bewußt. Albert von Thimus hatte nämlich ein rein philologisches Anliegen. Er wollte vor allem den antiken Pythagoreismus rekonstruieren, der ja bekanntlich eine Geheimlehre war und von dessen geheimgehaltenem Kern er wichtige Teile aufgefunden hatte. Bei dieser Arbeit war es ihm immer klarer geworden, daß jene Geheimnisse der Pythagoreer wesentlicher Bestandteil der verschiedensten alten Kulturen waren und sich unter anderem auch im chinesischen und hebräischen Bereich nachweisen ließen.

Was Thimus entdeckte, war die Tatsache, daß im Altertum Erkenntnisse von zentraler Bedeutung waren, die wir nur mit dem Gehör zu erfassen vermögen, Erkenntnisse, die aufs engste mit den wissenschaftlichen Grundlagen des Hörens, der Akustik und damit auch der Musik zusammenhängen. Kurzum – er war mit seinen Entdeckungen auf die Spur der oft erwähnten, legendären Lehre von der musikalischen Weltharmonie der Pythagoreer gestoßen, jener Lehre, in der behauptet wurde, der Kosmos sei ein Harmoniegefüge musikalisch erlebbarer Naturgesetze.

Wir alle haben von dieser Lehre irgendwann einmal etwas gehört. Vielleicht kennen wir Eichendorffs Spruch: »Schläft ein Lied in allen Dingen, die da träumen fort und fort, und die Welt hebt an zu singen, triffst du nur das Zauberwort.«

Oder uns sind die ästhetischen Auffassungen Schopenhauers vertraut, der über die Musik folgende Aussage machte: »Gesetzt, es gelänge, eine vollkommen richtige, vollständige und in das einzelne gehende Erklärung der Musik, also eine ausführliche Wiederholung dessen, was sie ausdrückt, in Begriffen zu geben, so würde diese sofort auch eine genügende Wiederholung und Erklärung der Welt in Begriffen, also die wahre Philosophie sein.«

Eichendorff und Schopenhauer und mit ihnen viele andere Dichter und Denker sehen also auch in der Musik ein Analogon zum Aufbau der Welt, und sie befinden sich damit selbstverständlich in der pythagoreischen Nachfolge. Allerdings wissen wir heute, daß es den Pythagoreern nicht um die Darstellung der Welt als Kunstwerk ging, nicht um irgendeine quasi romantische Vorstellung vom Weltaufbau, sondern ihr Anliegen war ein ernst zu nehmendes erkenntnistheoretisches, ein wissenschaftliches. Daß wir dies heute wissen, verdanken wir vor allem den Bemühungen des Albert von Thimus und einiger weiterer Harmoniker, wie wir sie nennen wollen.

In diese harmonikale Tradition gehört insbesondere auch einer der größten Naturwissenschaftler der Barockzeit, Johannes Kepler, der berühmte Mathematiker und Astronom. Seine naturwissenschaftlichen Verdienste sind heute unbestritten, doch wurde völlig vergessen, daß diese keineswegs das Hauptanliegen seiner Forschungen waren. Kepler war nämlich davon überzeugt, daß jene legendäre Weltharmonie der Pythagoreer, von der man ja bis zu seiner Zeit nur sehr ungenaue Vorstellungen hatte, Wahrheit war, und so bemühte er sich jahrzehntelang um den Beweis dafür und fand ihn schließlich auch! So seltsam das für viele heute klingen mag, es ist doch buchstäblich wahr und von Kepler vielfach bezeugt: Seine bedeutenden mathematischen und naturwissenschaftlichen Erkenntnisse sind zumeist nur am Rande dieses Bemühens um die Weltharmonie zustande gekommen, und sein wichtigstes Werk sind daher seine »Fünf Bücher von der Weltharmonik« – *Harmonices mundi libri quinque* (deutsch [74]), die er vor 350 Jahren in Linz vollendete. Schlägt man dieses Werk auf, so ist man verblüfft; denn es wimmelt in ihm von Notenbeispielen, und es gleicht einem Lehrbuch der Musiktheorie. Und in der Tat hat es diese Bedeutung, da Kepler in den Planetenbahnen akustische Gesetze auffand und sie in Noten darzustellen vermochte, so daß dieses Buch gleichsam eine kosmische Musiktheorie zum Inhalt hat.

Es wären uns jedoch weder die eigentliche Bedeutung Keplers noch die Forschungen von Thimus heute derart bekannt, wenn nicht ein dritter Gelehrter deren Erkenntnisse aufgegriffen und ausgebaut hätte. Das war Hans Kayser (vgl. [33]), der 1964 in der Schweiz starb und der sich seit etwa 1925 intensiv um die Wiederbelebung der pythagoreischen Tradition bemühte und ein Dutzend Bücher schrieb, in denen er seine Ergebnisse niederlegte. Seither ist dieses Forschungsgebiet unter dem Namen ›Kaysersche Harmonik‹ bekannter geworden, wenngleich es bis jetzt nur von wenigen in seiner vollen Bedeutung als echte wissenschaftliche Erkenntnis gewürdigt wurde.

Kayser hat vor allem die Thimusschen Entdeckungen ausgewertet und darüber hinaus viele neue naturwissenschaftliche Erkenntnisse in die Harmonik einbeziehen können, so daß infolge seiner Bemühungen nunmehr der alte Pythagoreismus in einem völlig neuen Gewand erscheint und faktisch einen Umfang angenommen hat, der weit über das hinausreicht, was in der Antike gewußt werden konnte. Daher können wir seit der ›Kayserschen Harmonik‹ praktisch von einer neuen Wissenschaft sprechen, und demgegenüber tritt die Tatsache, daß diese auf einer alten Tradition aufbaut, in den Hintergrund.

Kayser kam von der Mystik her zur Harmonik; denn er hatte sich als Philologe anläßlich einer umfangreichen Mystiker-Ausgabe mit den Schriften der Mystiker auseinandersetzen müssen und war übrigens bei dieser Gelegenheit auf Keplers Lebenswerk gestoßen. Für Kayser war daher metaphysisches Denken eine Selbstverständlichkeit, und es war für ihn nur zu natürlich, seine harmonikale Wissenschaft deduktiv zu entwickeln.

So sehr er damit dem Beispiel der Alten folgte, so wenig konnte er andererseits mit dem Verständnis der modernen Zeit rechnen, für die metaphysische Darlegungen allzuleicht als bloße Spekulationen erscheinen. Hierin liegt der Grund dafür, daß diese Harmonik noch längst nicht jene allgemeine Bedeutung hat, die ihr eigentlich längst zukommt.

Glücklicherweise haben aber neuere musikwissenschaftliche Forschungen wertvolle Ergänzungen zu dem gebracht, was die harmonikale Tradition lehrt. Die früher vorwiegend historisch orientierte Musikwissenschaft hat in den letzten Jahrzehnten in der systematischen Musikwissenschaft eine wertvolle Bereicherung erfahren und auf diesem Gebiet beachtliche Beiträge zur Grundlagenforschung geleistet. Insbesondere konnten die Funktionen des Gehörs eingehend untersucht werden, wobei die Forschungen Heinrich Husmanns (vgl. [59]) eine wichtige Rolle spielten. Er konnte nämlich experimentell beweisen, daß tatsächlich eine Disposition des Gehörs für die sogenannten Intervallproportionen, also für jene Intervalle, die seit den Pythagoreern die Grundlagen unserer Musik bilden, besteht. Und damit erst wurde das letzte Glied einer Kette von Tatsachen gefunden, die gemeinsam das Fundament des harmonikalen Pythagoreismus bilden. Für Kepler und für Kayser war es selbstverständlich, daß in der Gehörsdisposition des Menschen die Intervalle fest verankert sind, und genau das wurde auch schon in der Antike behauptet; der Beweis jedoch stand noch aus und ist nunmehr geglückt.

Man kann das alte Anliegen der Pythagoreer so formulieren: Es existieren identische Gesetze in drei Bereichen: in der Natur, im Gehörsempfinden des Menschen und in der Musik, und daher kann der Mensch über das Gehör

Naturgesetze vernehmen und zum Erlebnis einer klingenden Weltharmonie gelangen. Um den Beweis dieses Zusammenhangs bemühten sich Kepler, Thimus und Kayser und bauten das Gebiet zu einem weiten Bereich aus, doch heute erst sind wir in der Lage, die alte pythagoreische These in vollem Umfang anerkennen zu können. Infolge der Beiträge aus der systematischen Musikwissenschaft haben wir heute die Möglichkeit, den harmonikalen Pythagoreismus induktiv aufzubauen und ihn systematisch zu lehren. Daher nennt sich dieses Wissensgebiet heute auch ›Harmonikale Grundlagenforschung‹ und hat unter dieser Bezeichnung an der Wiener Musikakademie ein Institut. Inhaltlich freilich sind Keplers ›Weltharmonik‹, die ›Harmonikale Symbolik‹ des Albert von Thimus, die ›Kaysersche Harmonik‹ und die ›Harmonikale Grundlagenforschung‹ weitgehend identisch und stellen nur jeweils fortgeschrittenere und anders akzentuierte Formen desselben Anliegens dar, das von Pythagoras im sechsten vorchristlichen Jahrhundert erstmals formuliert wurde.

In der Zeit des antiken Pythagoreismus entstand das sogenannte Monochord, eine Art Musikinstrument, doch besser noch zum akustischen Experimentieren geeignet, und die an diesem Instrument darstellbaren Zusammenhänge bildeten denn auch den methodischen Kern des Pythagoreismus. Monochord bedeutet ›eine Saite‹, und tatsächlich hat es in seiner ursprünglichen Form nur eine einzige Saite, die über einen ebenen Resonanzkasten gespannt ist. Auf dessen Oberfläche ist ein Steg verschiebbar angeordnet, und je nachdem wo dieser Steg steht, teilt er von der Saite unterschiedliche Längen ab, und das hat zur Folge, daß verschiedene Tonhöhen beim Anschlagen oder Anzupfen der Saite entstehen.

Die Pythagoreer bemerkten jedoch noch mehr, nämlich die so wichtige Tatsache, daß die uns heute wohlvertrauten musikalischen Intervalle stets dann gebildet werden, wenn der Steg solche Saitenstrecken abteilt, die mit der ganzen Länge in einem einfachen ganzzahligen Verhältnis stehen.

So erklingt die Oktav des Grundtones bei der Hälfte der Saitenlänge, die Quint bei zwei Dritteln, die Quart bei drei Vierteln usw.

Hinter diesem jedem Musiker wohlvertrauten Sachverhalt steht aber eine wichtige Tatsache: Die Monochordexperimente zeigen, daß Proportionen und Intervalle oder Zahlen und Töne untrennbar miteinander zusammenhängen, oder, mit anderen Worten, daß quantitative, mathematische Gegebenheiten mit qualitativen Sinneserlebnissen engstens zusammenhängen. Die Tatsache, daß der Fülle der Sinneseindrücke mathematische Gesetze zugrunde liegen, ist keineswegs neu, auf ihr beruht vielmehr das gesamte naturwissenschaftliche Denken, das ohne diese Kopplung von mathematischen Gesetzen mit qualitativen Erlebnissen undenkbar wäre, und es wurde auch längst erkannt, daß die Naturwissenschaften faktisch auf die einfachen Monochordexperimente der Pythagoreer zurückgehen.

Wenn aber Quantitäten und Qualitäten, also Zahlen und Töne, untrennbar sind, dann muß folgerichtig auch etwas anderes möglich sein, dann muß nämlich der naturwissenschaftliche Ansatz umkehrbar sein. Das heißt aber, daß Zahlen qualitativ erlebt werden können, daß also in unserem Falle Zahlen oder Proportionen in den psychischen Empfindungsbereich des Gehörs transponiert werden können. Das leuchtet sofort ein und scheint etwas sehr Einfaches zu sein. Dennoch aber wurde diese Entdeckung erst in unserem Jahrhundert gemacht, nämlich von Hans Kayser, der diesen psychisch erlebbaren Zahlen den Namen ›Tonzahlen‹ gab. Die Grundlage der harmonikalen Erkenntnis bilden also diese Tonzahlen, und ihre Systematik ist gleichsam das Einmaleins der Harmonik.

Das sieht sehr simpel aus, ist aber in Wahrheit wesentlich komplizierter. Es gibt nämlich neben der verhältnismäßig kleinen Zahl von Intervallen auch umfassendere Tongesetze, wie etwa die Obertonreihe. Diese ist eine Naturgegebenheit; denn es handelt sich hier um Töne, die bei jeglicher Erzeugung eines Einzeltones automatisch mitklingen und die stets dem gleichen Zahlengesetz folgen. Auch die Obertonreihe und sogar noch komplexere Zusammenhänge gehören zu den Grundlagen der Harmonik, bilden ihr akustisch-wissenschaftliches Fundament.

Man wird hier einwenden, daß derartige Grundlagen doch wohl kaum im antiken Pythagoreismus nachgewiesen werden können. Allerdings war die Obertonreihe damals noch nicht entdeckt; das geschah erst im 17. Jahrhundert durch Mersenne, und die genauen Zahlenzusammenhänge wurden sogar noch später durch Sauveur geklärt. Aber bereits Sauveur mußte zugeben, daß schon weit früher die Gesetzmäßigkeit der Obertonreihe *unbewußt* im Orgelbau, nämlich in den sogenannten Mixturen, angewendet worden war. Sauveur hätte noch weitergehen können, nur wußte er noch nichts davon, daß in der Tat die gesamte Zahlengesetzmäßigkeit dieser Obertonreihe schon im Pythagoreismus vorhanden war, ohne daß man offenbar von der Reihe selbst als Naturereignis etwas wußte.

Wir wollen damit zum Ausdruck bringen, daß die Erkenntnis der Pythagoreer von der Untrennbarkeit von Proportionen und Intervallen sie in eine Richtung wies, deren Konsequenzen sie vermutlich noch gar nicht ahnen konnten. Sie machten die einfachen Zahlenverhältnisse zu den Grundlagen unserer Musik – und genau diese Gesetzmäßigkeit erwies sich viel später als naturverankert in der Obertonreihe; und noch einmal dieselben Zahlengesetze sind es, die durch Husmann als konstituierend in der Disposition des menschlichen Gehörs erkannt wurden. Die Tonzahlen der Pythagoreer gelten also gleichermaßen für das Naturgesetz der Obertöne wie auch für das Hören des Menschen!

Damit scheint nun die pythagoreische Weltharmonie bereits erklärt und bewiesen zu sein. Denn die Obertonreihe verankert die Musikgesetze in der Natur, und die Husmannschen Forschungen erweisen sie als menschliche Veranlagung. Sicherlich ist damit das Kernstück der harmonikalen Erkenntnis erfaßt, doch ist deren Umfang in der Tat viel größer. Es läßt sich nämlich nachweisen, daß solche einfachen Zahlenverhältnisse, wie sie unseren Intervallen zugrunde liegen, in den verschiedensten Naturbereichen vorkommen; man braucht lediglich diese Zahlen auf ein Monochord zu übertragen und kann nun buchstäblich die unterschiedlichsten Naturgesetze hörend in sich aufnehmen.

Wir wollen dies an einigen Beispielen erläutern. Zuerst einige Ergebnisse der Keplerschen Forschungen. Keplers wichtigste Entdeckung war nämlich die, daß die Geschwindigkeiten der Planeten, wenn man sie an den beiden Punkten ihrer elliptischen Bahnen mißt, wo sie der Sonne am nächsten und am fernsten stehen, Intervallproportionen bilden; und dies nicht nur bei jedem Planeten isoliert, sondern auch vermischt, so daß beispielsweise Aphel- und Perihelgeschwindigkeit des Saturn mit Perihel- und Aphelgeschwindigkeit des Jupiter musikalische Intervalle bilden. (Notenbeispiel 1)

Notenbeispiel 2 zeigt das Klangbild eines Kristalls. Der Kristallograph Viktor Goldschmidt (vgl. [8] S. 455) entdeckte am Beginn unseres Jahrhunderts, daß sich der geometrische Aufbau der Kristalle mit einfachen Zahlen beschreiben läßt und daß diese Zahlen ›Tonzahlen‹ sind, wie Kayser sagen würde. Ihm war die musikalische Deutung dieser Gesetzmäßigkeit vollauf klar, und Kayser bezog sich vielfach auf seine Arbeiten, da auch er im Grunde genommen ein Harmoniker war. Seltener kommt es bei den Kristallen auch zu größeren Tondiagrammen; ein solches ist im Notenbeispiel 3 wiedergegeben.

Aber auch im Pflanzenbereich spielen Tongesetze eine Rolle, wie Kayser in seinem Buch *Harmonia plantarum* ([64]) nachgewiesen hat, in welchem er unter anderem auch an Goethe anknüpft, der seine *Morphologie der Pflanze* ursprünglich *Harmonia plantarum* nennen wollte. Kayser entwickelt darin sogenannte Hörbilder der Pflanze, die genau wie Goethes Urpflanze ein Beitrag zur Ideenlehre sind und die einen hochinteressanten Versuch darstellen, dem noch ungelösten Problem der organischen Formen beizukommen. Es könnten nämlich die Formen der belebten Natur mit harmonikalen Gesetzen in Zusammenhang stehen. Notenbeispiel 4 bedeutet eine in Tönen wiedergegebene Blütenform.

Es hat aber auch der Aufbau der Blüte viel mit harmonikalen Gesetzen zu tun, und außerdem sind die sogenannten Blattstellungsgesetze harmonikal zu deuten. Mit der Hauptreihe der Blattstellungszahlen hat es noch eine besondere Bewandtnis. Diese Reihe besteht nämlich aus Zahlen der sogenannten Fibonacci-Folge (Notenbeispiel 5), die u. a. als Annäherungsverfahren für einen Wert des sogenannten ›Goldenen Schnitts‹ verwendet wird. Es läßt sich also hier nebenbei noch nachweisen, daß auch dieses an sich irrationale Teilungsverfahren etwas mit den Intervallproportionen zu tun hat. Man erkennt, daß die Fibonacci-Folge vorwiegend aus Sexten des zuerst ertönenden Grundtones besteht.

Der Abschluß der Notenbeispiele zur Weltharmonie soll eine weitere Klangfolge aus der Biologie sein. Es handelt sich um die sogenannten Mendelschen Gesetze, jene bekannten Vererbungsregeln, die bei experimentell kontrollierter Fortpflanzung von Pflanzen oder Tieren auftreten. Die dabei in Erscheinung tretenden einfachen Zahlenverhältnisse sind ausnahmslos Intervallproportionen, so daß sich diese Mendelschen Regeln, von denen wir einige ausgewählt haben, leicht in Töne umsetzen lassen. (Notenbeispiel 6)

Die Notenbeispiele 1–6 zeigten uns, daß Naturgesetze tatsächlich in Tönen darstellbar sind, daß also auch der Gehörssinn an der Welterkenntnis beteiligt werden kann. Wir müssen aber nunmehr einige zusätzliche Überlegungen anstellen, um die uns jetzt bekannten Möglichkeiten richtig würdigen zu können.

Harmonikale Erkenntnis bedeutet grundsätzlich, um es noch einmal zu sagen, Mitbeteiligung des Gehörs an der

Naturerkenntnis. Das heißt, daß neben das Auge und den Tastsinn, auf deren Vermögen ansonsten unsere Erkenntnis beruht, ein weiterer Sinnesbereich tritt, der natürlich auch neue Ergebnisse ermöglicht. Das Wesentliche an dieser harmonikalen Erkenntnis beruht auf der Fähigkeit des Gehörs, Intervalle zu bilden, das heißt, aus zwei Tönen eine Einheit höherer Ordnung werden zu lassen; denn im Intervall verschmelzen zwei Töne völlig miteinander und sind als Einheit auch transponiert, also in jeder Lage, wiederzuerkennen. Wenn wir beispielsweise eine große Terz anschlagen, so ist diese große Terz als Erlebnisqualität identisch mit allen anderen großen Terzen, die erzeugt werden können.

Dieses Verschmelzen von Tönen zu Intervallen ist dem Gehör a priori eigen, und außerdem handelt es sich, wie wir bereits wissen, bei jedem Intervall um ein einfaches Zahlenverhältnis, also um Tonzahlen. Und die Ambivalenz der Tonzahlen ermöglicht, wie wir ebenfalls schon ausführten, die direkte Übertragung in den Empfindungsbereich. Der Intervallbildung liegt aber noch ein weiterer Tatbestand zugrunde, der meist übersehen wird. Unser Gehör hat nämlich ein ausgesprochenes Meßvermögen, das man am besten am Monochord demonstrieren kann. Wenn man beispielsweise einen Steg in die Mitte der Saite stellt, so müssen beide Hälften der Saiten den gleichen Ton ergeben, es erklingt die Prim, die der Proportion 1:1 entspricht. Verschiebt man nun den Steg nur ein wenig, so empfinden wir das sofort und sagen, die Prim sei verstimmt. Um sie wieder richtig zu stimmen, müssen wir den Steg unter ständiger Hörkontrolle langsam zurückschieben, und wenn unser Ohr dann die Prim für genau stimmend erklärt, so hat es gleichzeitig gemessen, daß der Steg exakt in der Mitte der Saite steht. Dieses an sich sehr simple Experiment verblüfft immer wieder, da die erzielte Meßgenauigkeit außerordentlich hoch ist – sie liegt bei einem Promille (!).

Exaktes und dabei doch unbewußtes Messen sowie die – ebenfalls unbewußte – Verschmelzung der gemessenen

Werte zu Ganzheiten höherer Ordnung, zu Intervallen, sind typische Eigenschaften des Gehörs, die bei der harmonikalen Erkenntnis mitwirken. Wir betonen außerdem jetzt besonders das Wort ›unbewußt‹. Denn damit wird uns nunmehr noch etwas anderes deutlich. Die harmonikale Erkenntnis findet nämlich nicht im Bewußtsein des Menschen statt, wie das bei den mathematisch formulierten Ergebnissen der Naturwissenschaften der Fall ist, sondern sie kommt im unbewußten Bereich unserer Person an.

So wie durch das naturwissenschaftliche Denken eine Analogie zwischen bestimmten Naturgesetzen und der Fähigkeit des Intellekts, mathematisch zu denken, gebildet wird, so ist Voraussetzung der harmonikalen Erkenntnis eine Analogie zwischen anderen Naturgesetzen und der unbewußten Fähigkeit, Töne zu Intervallen zu verschmelzen. Beide Erkenntnisarten beruhen also prinzipiell auf der gleichen erkenntnistheoretischen Voraussetzung: nämlich einer Analogie von bestimmten Naturgesetzen mit entsprechenden Dispositionen des Menschen. Und wir sehen jetzt deutlicher, auf welche Weise in der Harmonik ein ganz neuer Bereich in den Griff gebracht wird – ein neuer Bereich der *Natur* und auch des *Menschen*. Harmonikale Erkenntnis heißt also: Gewinnung zusätzlicher Naturgesetze und Feststellung, daß auch im unbewußten Bereich verankerte Dispositionen des Menschen mit objektiven Naturgesetzen übereinstimmen.

Daß wir dabei von einer Weltharmonie sprechen können, hat aber noch eine weitere Voraussetzung. Unsere Tonbeispiele belegen, daß Intervallgesetze in den verschiedensten Bereichen der Natur vorkommen. Eine eingehendere Betrachtung würde aufdecken, daß diese Intervalle sogar weitgehend identisch sind. Die Harmonik bedient sich also methodisch des Analogiedenkens, des morphologischen Nebeneinanderstellens unabhängiger Bereiche, und sie beweist identische Strukturen, also daß eben auch in der Natur gesetzmäßige Identität, Analogie oder, mit einem anderen Wort, Harmonie herrscht. Die morphologische Methode, verbunden mit den spezifischen Eigenschaften des Gehörs, führt mithin tatsächlich den Nachweis harmonischer Übereinstimmung in der Welt herbei.

Diese harmonikale Erkenntnis hat nur eine Schwierigkeit: eben die, daß sie unbewußt vollzogen wird. Es bedarf daher, um sie auswerten zu können, einer zusätzlichen Bewußtmachung der Zusammenhänge, und diese stößt auf ein nicht zu unterschätzendes Problem. Während wir von Kindheit an zu rechnen gewöhnt sind und uns zeitlebens der Umgang mit Zahlen vertraut ist, so daß wir selbst dann, wenn wir nichts mehr davon verstehen, ohne Bedenken mathematisch-naturwissenschaftliche Erkenntnisse anerkennen, während uns also diese im hellen Bewußtsein vollzogenen Operationen stets vertraut sind, ist das bei den harmonikalen Grundlagen keineswegs der Fall. Schon kleine Kinder können singen, und sie lernen bald auch ein Instrument spielen, doch so gut wie nie erfahren sie etwas von den dabei mitwirkenden akustischen und physiologischen Grundlagen, und sie brauchen davon im ganzen Leben nichts zu erfahren, weil diese Fähigkeiten unbewußt und automatisch richtig verlaufen. Auch in der Schule werden diese Dinge meist vernachlässigt, und daher stehen heute die meisten Menschen der harmonikalen Grundlagenforschung hilflos oder gar skeptisch gegenüber. Es bedarf also einer eingehenden Propädeutik, um die Ergebnisse der harmonikalen Grundlagenforschung zu entsprechendem Verständnis und zu gebührender Würdigung zu bringen.

Nachdem wir nun die harmonikale Erkenntnistheorie näher beleuchtet haben, wollen wir noch zusammenfassend darstellen, welche Wesensmerkmale die Harmonik hat. Sie ist vor allem eine *Normenlehre*, da sie herausstellt, daß es in den verschiedensten Seinsbereichen gleiche Normen gibt, und sie führt auf diesem Wege zu einer ganzheitlichen Vorstellung von der Welt und kann daher auch als *Ganzheitslehre* bezeichnet werden. Sie wertet dabei die Ergebnisse anderer Wissenschaften aus, steht also zu diesen im Verhältnis der Interpretation und wird damit gleichzeitig zu einer *Ordnungswissenschaft;* denn sie verbindet die heute immer heterogener werdenden Einzelwissenschaften durch die harmonikalen Gesetze. Harmonikale Grundlagenforschung bildet ferner den Ansatz zu einer Art *Formenmathematik,* da sich, wie wir bereits andeuteten, Formen und Strukturen als Tongesetze darstellen lassen. Außerdem kann ein Teil der harmonikalen Ergebnisse als Beitrag zu einer *Ideenlehre* aufgefaßt werden, und in diesen Bereich gehört schließlich auch die sogenannte *harmonikale Symbolik,* ein eigenes großes Forschungsgebiet. Die harmonikalen Gesetze können aber überdies auch bewußt in anderen Bereichen angewendet werden, wo sie an sich nicht naturnotwendig auftreten. Es ist das die sogenannte ›angewandte Harmonik‹, und diese umfaßt vor allem den Bereich der Künste. Der Mensch als Schöpfer von Kunstwerken kann nämlich auf Grund seines Wissens um die allbeherrschenden Proportionen in der Natur diese auch zu Kunstgesetzen machen, und dies ist tatsächlich schon von der Antike an nachzuweisen. Am meisten hat davon natürlich die Musik profitiert; denn daß die Intervallproportionen bis in die Gegenwart Grundlagen unserer abendländischen Musik sind, geht schließlich auf die Weisheit der Pythagoreer zurück. Aber auch sonst bedient sich die Musik in mannigfacher Weise der Proportionsgesetze, zum Beispiel in der Rhythmik, und selbst noch der für die menschliche Apperzeption mitunter so schwierigen Musik des 20. Jahrhunderts sind harmonikale Betrachtungen nicht fremd, wie Paul Hindemith beweist, dessen Lehrbuch *Unterweisung im Tonsatz* eine echt harmonikale Grundhaltung hat – freilich nicht zufällig; denn er kannte die Kaysersche Harmonik sehr gut, hatte mit Kayser in Verbindung gestanden und wollte einst mit ihm gemeinsam eine Musikschule gründen.

Proportionsgesetze können aber auch in der Dichtkunst angewendet werden. Die Metrik der Versfüße geht nachweislich auf die antike Proportionslehre zurück, und von

Augustinus werden noch 571 verschiedene Metren beschrieben, die sich durch Proportionsgesetze unterscheiden. Besonders umfangreich allerdings sind die Proportionen in der bildenden Kunst diskutiert worden, vor allem in der Architektur. Das ist hauptsächlich auf den römischen Architekturschriftsteller Vitruvius zurückzuführen, der davon berichtete, daß die Griechen nach Musikgesetzen bauten, und seither gibt es zahlreiche Beispiele von musikalischen Proportionen auf diesem Gebiet der angewandten Harmonik.

Das hat aber noch einen tieferen Grund. Eines der wichtigsten harmonikalen Fundamente ist nämlich die Übereinstimmung geometrischer und akustischer Grundlagen. So lassen sich beispielsweise sämtliche Kegelschnitte auf einfachste Weise in Töne übertragen, und auch der bekannte Lehrsatz des Pythagoras hat eine geradezu verblüffende harmonikale Entsprechung: Seine schon in der Antike erwähnte einfachste Darstellung mit ganzen Zahlen ist ein Dreieck mit den Seitenlängen 3, 4 und 5, und diese Frequenzen (als Vielfache der Grundtonfrequenz des Tones c) ergeben die Töne des Durdreiklangs. Fügt man die Quadratzahlen, die den eigentlichen Lehrsatz bilden, hinzu, nämlich 9, 16 und 25, dann ergibt sich ein Klangbild, wie es das Notenbeispiel 7 zeigt.

Daß auch der Goldene Schnitt harmonikal wiedergegeben werden kann, sagten wir schon, und so zeigt sich sehr instruktiv, wie sehr auch die Mathematik von Musik durchsetzt ist.

Kehren wir aber zu den Proportionen in der Baukunst zurück. Das gleichsam klassische Beispiel einer Verwendung von Intervallproportionen stammt aus Paestum, wo heute noch die Ruinen jener drei alten Tempel zu bewundern sind, die gar nicht weit von der Wirkungsstätte des Pythagoras, von Kroton nämlich, entstanden. Hans Kayser vermutete daher nicht ohne Grund, daß man gerade dort die Intervallproportionen angewendet haben müsse, und er hat uns in einem seiner letzten Bücher den Nachweis geliefert, daß tatsächlich die *nomoi*, die Baugesetze dieser Tempel, in Noten wiederzugeben sind. (Notenbeispiel 8)

Daß auch im weiteren Verlauf der Kunstgeschichte nach Musikgesetzen gebaut wurde, sagten wir schon, doch wollen wir dazu nur zwei kurze Notenbeispiele geben. Zuerst die Abmessungen des Wiener Stephansdoms, nämlich seine Breite, Länge, Höhe und die Höhe des Mittelschiffs (Notenbeispiel 9) und zuletzt einige Proportionen des Kölner Doms. (Notenbeispiel 10)

Damit ist auch der Bereich der angewandten Harmonik ausreichend gekennzeichnet worden, ein Bereich, der ein großes eigenes Forschungsgebiet bildet und noch längst nicht voll erschlossen wurde. Überhaupt darf nicht unerwähnt bleiben, daß die harmonikale Grundlagenforschung noch keineswegs ein fertiges Gebäude ist. Die Grundlagen sind gegeben und durch eine Vielzahl von Beispielen gesichert. Es steht aber außer Zweifel, daß noch weit mehr Details gefunden werden könnten, wenn nur eine systematische Suche auf sie abzielen würde. Das aber steht noch aus, und es müßten vor allem noch mehr Naturwissenschaftler gewonnen werden, die in ihren Spezialdisziplinen Proportionen aufzeigen können.

Wenn wir nunmehr abschließend unsere Ausführungen zusammenfassen, so in der Hoffnung, daß durch das Vorangegangene transparent geworden ist, wie sehr in dieser harmonikalen Erkenntnis ein in sich geschlossenes Weltbild vorhanden ist, das sogar die Künste mit einzubeziehen vermag. Diese durch die harmonikale Grundlagenforschung gegebene Perspektive ist von anderer Beschaffenheit als das Weltbild der Naturwissenschaften. Letzteres ist im Intellekt des Menschen verankert, da es mathematische Gesetze als Leitprinzipien hat und sich dazu der kausalen Methode bedient, also der Betrachtung der Vorgänge von ihren Wirkursachen her. Das harmonikale Weltbild dagegen ist auf akustisch-musikalische Grundlagen gestützt, die in unbewußten Schichten unserer Psyche disponiert sind, und es bedient sich zur Erfassung von Natur- und

Kunstgesetzen des Analogiedenkens, also der Aufdeckung morphologischer Strukturen.

Diese Andersartigkeit des harmonikalen Erkennens liefert daher eine Ergänzung zum naturwissenschaftlichen Weltbild, dessen Einseitigkeit zudem längst erkannt worden ist, denn es stellt gleichsam nur eine Projektion der Welt auf eine kausal-quantitative Ebene dar. Demgegenüber handelt es sich in der Harmonik um qualitative Sinneserlebnisse von bestimmter gesetzmäßiger Struktur. Beide Weltbilder ergänzen sich in denkbar glücklicher Weise, und daher dürfte für viele heute diese von der harmonikalen Grundlagenforschung angebotene Welterkenntnis eine Bereicherung bedeuten, wenn nicht gar eine Erlösung von der als allzu einseitig empfundenen intellektuell-mathematischen Deutung der Welt durch die Naturwissenschaften.

Eine solche Synthese schwebte schon Gottfried Wilhelm Leibniz vor, der dem Denken der Pythagoreer viel näher gestanden haben muß, als wir heute ahnen, und der in einem nachgelassenen Fragment vor über 200 Jahren die folgenden Worte sprach:

»Gewiß sind wir heute durch die Naturerkenntnis und die Mechanik mündig geworden; aber in Wirklichkeit haben wir mit diesen Experimenten nicht mehr getan, als nur ein Material herbeizuschaffen, aus dem vielleicht nach vielen Jahrhunderten ein Gebäude der Wahrheit erstehen kann. So sehe ich voraus, daß die Menschen wieder in sich gehen werden und den Wert einer heiligeren Philosophie anerkennen. Dann wird das mathematische Studium darauf gerichtet sein, die Harmonie und Schönheit ihrem Wesen nach zu erfassen; die Naturwissenschaft wird dazu dienen, den Schöpfer zu bewundern, der in der wahrnehmbaren Welt das Bild des Wesenhaften ausdrückte.« (Vgl. [29] S. 64)

Notenbeispiele

1
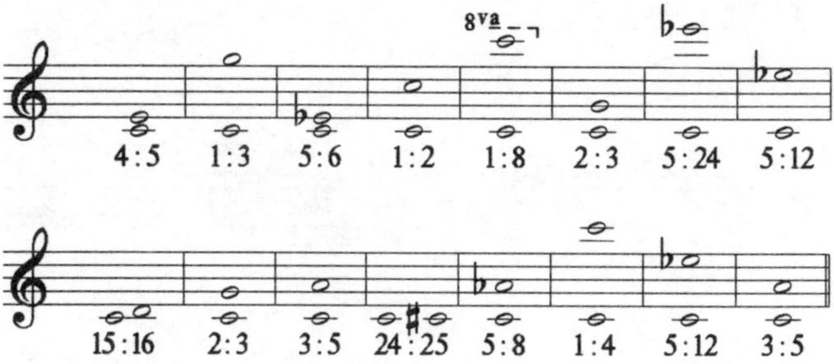

2
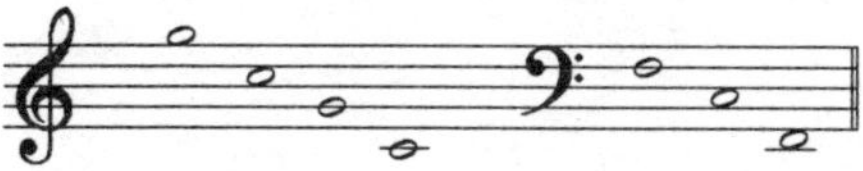

3

4

5
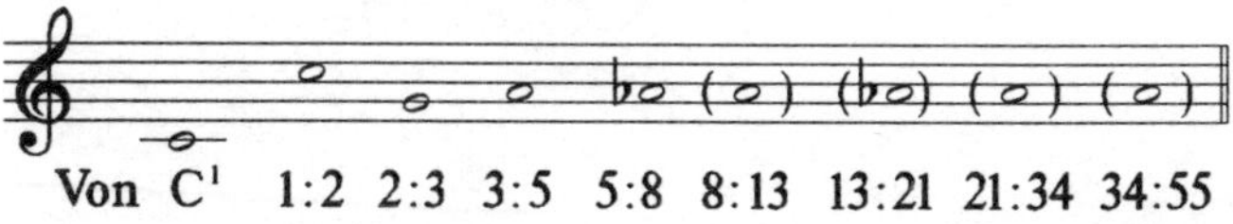

6

7

8

9

10
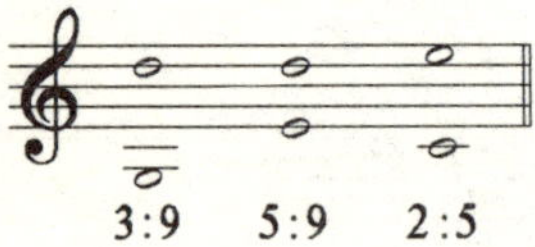

Die Bedeutung von Analogie und Finalität für Kepler und für die Gegenwart

I. Vorbemerkungen

Seit Kants *Kritik der reinen Vernunft* ist die Meinung weit verbreitet, daß die sogenannte kausale Denkweise, womit das Auffinden der Wirkursache *(causa efficiens)* gemeint ist, die dem menschlichen Verstand einzig mögliche sei. Da sich aber die Naturwissenschaften eben dieser Denkmethode in umfangreichster Weise bedienen, wird noch heute vielfach angenommen, das kausale Denken sei die alleinige Möglichkeit wissenschaftlicher Naturforschung. Diese weitverbreitete Meinung ist jedoch falsch, da es sehr wohl auch andere Denkstile gibt (z. B. das Analogiedenken) und auch andere Ursachen (z. B. *causa formalis, causa materialis, causa finalis*), die in der Antike und im Mittelalter mindestens gleichen Rang hatten und deren Verwendung bei der Naturerkenntnis keineswegs ausgeschlossen ist. Jedenfalls hatte sich zur Zeit von Johannes Kepler das Kausaldenken noch nicht in der später so charakteristischen Weise dominierend durchgesetzt, und gerade bei ihm spielen zumindest zwei andere Denkweisen eine nicht minder wichtige Rolle bei der Naturerforschung: das Denken in Analogien (Entsprechungen) und die finale (teleologische) Betrachtungsweise. Das soll im folgenden verdeutlicht werden, doch ist es darüber hinaus unsere Absicht, auf Grund der fruchtbaren Anwendung beider Methoden durch Kepler deren Wiederbelebung in der Gegenwart anzuregen, um sie in eine zukünftige Naturforschung zu integrieren. Wir verwenden für unsere Betrachtungen vorwiegend Keplers Schriften zum Gedanken der Weltharmonie, da diese für den genannten Aspekt besonders aufschlußreich sind.

II. Analogiedenken bei Kepler

Der Begriff *analogia* kommt in Keplers Schriften relativ selten vor, wie denn auch seine methodische Verwendung keine besondere Rechtfertigung erfährt. Dies deshalb, weil ein Denken in Entsprechungen zu seiner Zeit noch derart selbstverständlich war, daß es keiner ausdrücklichen Erwähnung bedurfte. Immerhin wissen wir von ihm, daß er sich der wissenschaftlichen Verwendbarkeit analogischen Denkens vollauf bewußt war, wie aus folgendem Zitat hervorgeht: »Ganz besonders liebe ich die Analogien als meine zuverlässigsten Lehrmeister, die um alle Geheimnisse der Natur wissen.« ([71], zit. nach [87] S. 557)

Wichtiger für uns als derartige Belege ist freilich der Nachweis, wie Kepler Analogien zur Gewinnung wissenschaftlicher Erkenntnisse verwendet. Das umfassendste Beispiel bietet die Gesamtanlage seiner *Weltharmonik* ([74]), deren fünf Bücher eigentlich in zweifacher Weise den Gedanken einer Weltharmonie enthalten. Einmal durch den Nachweis der Existenz harmonikaler Gesetze in den Planetenbahnen, der im fünften Buch erfolgt ([74] S. 294 ff.) und für dessen Formulierung er zahlreiche Fakten aus anderen Gebieten, vor allem der Mathematik und der Musiktheorie, benötigt, die in den vorangestellten vier Büchern zusammengetragen werden. Wenn man jedoch die Ergebnisse aller fünf Bücher vergleicht, so ist ihnen ein einziges Ziel gemeinsam, nämlich die Darstellung jener Proportionsgesetze, die schließlich auch in den Planetenbahnen in Erscheinung treten. Das heißt, daß Kepler faktisch Analogien aufzeigt, durch die Mathematik, Musiktheorie, Astrologie und Astronomie miteinander verbunden werden, so daß eigentlich allein schon durch diese Perspektive jener göttliche Plan erkennbar wird, den Kepler als selbstverständlich voraussetzt und von dem er ständig spricht.

Das hat für ihn hier allerdings weniger Gewicht; denn natürlich hat er stets das eigentliche Ziel des Werkes vor Augen, eben den Nachweis der ›Planetenharmonien‹

(dieser Begriff hat bei Kepler die Bedeutung von ›Intervallen‹ und sollte nicht unbedacht mit der heutigen Vorstellung von ›Harmonie‹ gleichgesetzt werden). Und an dieser so wichtigen Stelle, das heißt bei der Entdeckung harmonikaler Proportionen durch Vergleich der Winkelgeschwindigkeiten an den Extremstellen (Aphel und Perihel) der Planetenbahnen ([74] S. 301), da ist ebenfalls eine Analogie ausschlaggebend, nämlich die Übereinstimmung dieser Proportionen mit musikalischen Grundlagen. Natürlich erklingen diese Intervalle nicht wirklich, vielmehr müssen sie in den Hörbereich transponiert werden, um tatsächlich gehört werden zu können.

Wir haben absichtlich das Wort ›transponieren‹ verwendet, das recht eigentlich zur Fachsprache des Musikers gehört, der darunter die Versetzung eines Musikstückes in eine andere Tonart versteht. Wir wollten damit etwas bewußt machen, was so selbstverständlich ist, daß kaum darüber nachgedacht wird: daß nämlich dem Gehör ein Analogieverfahren ganz besonderer Art zugehört – eben die Möglichkeit des Transponierens. Denn nichts anderes besagt doch eine musikalische Transposition, als daß auf einer neuen tonalen Ebene analog das wiederkehrt, was zuvor in anderer Lage erklang. Insbesondere ist an das Phänomen der Oktavwiederkehr des Toncharakters, der Tonigkeit zu denken, die man eigentlich fast als Identität erlebt. Diese prinzipielle Analogiestruktur des Hörens ist es, die Kepler in seine Methodik einbezieht, indem er sich gleichsam den Hörbereich nach beiden Seiten unendlich vergrößert vorstellt und dann die notwendige Anzahl von Oktavtranspositionen vornimmt. Das beschreibt er freilich nicht in dieser Weise, da für ihn der ganze Sachverhalt viel zu selbstverständlich ist, doch mußten wir methodisch diesen Umweg machen, um den geistigen Hintergrund sichtbar werden zu lassen, der Analogie und Transposition verbindet.

Kepler geht aber noch einen Schritt weiter. Weiß er doch, daß die Intervalle nicht bloß Zahlen sind und daher mathematisch erfaßt werden können, sie sind vielmehr ambivalent; denn sie können ebensowohl psychisch erlebt werden und sind daher Sinnesqualitäten. Und auch in diesem Zusammenhang denkt er analogisch und sagt:

»Eine geeignete Proportion in den Sinnendingen[1] auffinden, heißt die Ähnlichkeit der Proportion in den Sinnendingen mit einem bestimmten, innen im Geist vorhandenen Urbild einer echten und wahren Harmonie aufdecken, erfassen und ans Licht bringen. ... Daß aber diese Proportion harmonisch ist, bewirkt die Seele durch die Vergleichung mit ihrem Urbild. Die Proportion könnte nicht harmonisch genannt werden, sie besäße keinerlei Kraft, die Gemüter zu erregen, wenn dieses Urbild nicht wäre.« ([74] S. 206)

Diese vielfachen analogischen Zusammenhänge unterschiedlicher Bereiche und Gebiete könnte Kepler ohne Zweifel als Gottesbeweis interpretieren, doch ist für ihn das Vorhandensein eines göttlichen Planes der Schöpfung, den er einmal »das Vorspielen Gottes« ([73], zit. nach [9] S. 57, 2. Aufl., S. 50) nennt, ohnehin selbstverständlich. Ihm sind diese Analogien jedenfalls wesentliche Bestandteile der Natur, die dadurch ganzheitlich begriffen werden kann. Die Analogien zwischen Planeten (Materie), Mathematik (menschlichem Verstand) und psychischen Empfindungen (Sinnesqualitäten) wäre dann eigentlich nur eine Modifikation der alten Trias Körper-Geist-Seele, die wir schon längst nicht mehr als Einheit erfassen können.

III. Analogiedenken in der Gegenwart

Im Gegensatz zur Barockzeit spielen heutzutage Analogien kaum noch eine Rolle im naturwissenschaftlichen Weltbild. Die Beobachtung von Querverbindungen zwischen den Wissenschaften wird allein schon durch das ständig zunehmende Spezialistentum erschwert. Das geflügelte Wort: »Wir wissen immer mehr von immer weniger« ist nur allzu wahr, und die Sicht über den eigenen

[1] Damit meint Kepler den Bereich der Sinneserfahrung, d. h. die Natur.

engen Fachbereich hinaus wird durch diesen Sachverhalt fast unmöglich gemacht. Dabei gäbe es auch in den modernen Naturwissenschaften gewiß fruchtbare Ansatzpunkte genug zur Analogiebildung.

Darauf verwies vor etwa 30 Jahren Paul Matthieu in seiner Antrittsrede an der ETH Zürich, die das Thema hatte *Die Rolle der Analogien in der angewandten Mathematik*. Er sagte da u. a.: »Die zahlreichen Analogien, die in den verschiedensten Teilen der mathematischen Wissenschaften existieren, sind noch längst nicht genügend bekannt und auf ihre theoretische und praktische Verwendbarkeit untersucht worden.«

Matthieu brachte dann einige sehr interessante Beispiele und forderte nachdrücklich dazu auf, den Analogien mehr Beachtung zu schenken, doch dürfte sich diese Mahnung kaum in nennenswerter Weise ausgewirkt haben.[2]

Im Gegensatz zur Dominanz des Kausaldenkens in den Naturwissenschaften ist die heutige harmonikale Grundlagenforschung auf Analogien aufgebaut, wobei methodisch ganz bewußt an Kepler angeknüpft wird. Das ist nicht ganz selbstverständlich, da ja Keplers harmonikale Forschungen unter dem ständig wachsenden Einfluß kausaler Naturforschung allzubald in den Hintergrund gerieten, verkannt und schließlich vergessen wurden ([74] Einleitung S. 52). Und als es dann durch Albert von Thimus (1806–1878) und Hans Kayser (1891–1964) zu einer Wiederbelebung des harmonikalen Pythagoreismus kam ([99], [68]), in dessen Tradition auch Kepler gestanden hatte, da waren das Interesse an der harmonikalen Symbolik und einer mystisch orientierten spekulativen Philosophie im Vordergrund, und beide Denker lehnten merkwürdigerweise den Analogiebegriff ab.

[2] Nach dem Vortrag wurde dem Verfasser mitgeteilt, daß in der Informatik, also einer relativ jungen Wissenschaft, das Analogiedenken eine größere Rolle spiele. Ferner wurde bemerkt, daß das Analogieprinzip in heuristischer Weise verwendet, diese Methode jedoch nicht gelehrt werde, so daß sie wenig bekannt sei.

Die Denkweise Keplers mußte geradezu neu in die harmonikale Forschung eingeführt werden, die nunmehr induktiv auf empirisch gesicherten Grundlagen aufbaut. Heute geht es aber nicht mehr nur um astronomische Gesetze, sondern um den Nachweis von Intervallproportionen in allen Bereichen der Natur, zu deren Auffindung alle Wissenschaften Beiträge geliefert haben. ([41])

Auffallend dabei ist, daß diese Proportionen fast immer an wichtigen Stellen auftreten, also keineswegs nur beiläufige Erscheinungen sind, und daß insbesondere Endergebnisse, fertige Gestalten, Formen, Ganzheiten durch harmonikale Proportionen gekennzeichnet sind. Sie zeigen sich im fertigen Planetensystem, am ausgewachsenen Kristall, an den Endgestalten von Pflanzen, Tieren und dem Menschen. Bedeutsam ist ferner, daß es sich bei diesen Intervallen überwiegend um solche handelt, die wir als Konsonanzen empfinden, was keineswegs selbstverständlich ist, wie denn überhaupt diese harmonikalen Naturgesetze nicht analytisch abgeleitet werden können, sondern als Komplementaritäten zu kausal erklärbaren Forschungsergebnissen aufgefaßt werden müssen. ([51])

Einen wichtigen Beitrag zur harmonikalen Weltinterpretation, der auch Keplers Auffassung nachträglich bestätigt, liefert die heutige Harmonik durch genaue Erforschung der menschlichen Gehördisposition ([42]), in der physiologische und psychische ›Mechanismen‹ höchst sinnvoll zusammenwirken. Durch diese Musikdisposition ([43]) des Gehörs, wie man sagen könnte, werden Intervalle aus einfachen ganzzahligen Proportionen bevorzugt, können Konsonanzen und Dissonanzen unterschieden werden, läßt sich die Diatonik und Chromatik erklären und sogar die Entstehung von Dur motivieren. Das besagt für unseren Zusammenhang, daß jene musikalischen Grundlagen, zu denen Kepler Analogien bildete, keine bloßen Annahmen oder Konventionen waren, wie seither oft behauptet wurde, sondern daß es sich auch da um naturgesetzlich ableitbare Phänomene handelt. Die heutige harmonikale Grundlagenforschung kann also einerseits Keplers Methoden vollauf bestätigen und andererseits ist sie in der Lage, viel weiter reichende und umfassendere Analogien in der Natur nachzuweisen, die durch Intervallproportionen gebildet werden.

Diese Analogien sind genauso Bestandteile der Naturgesetzlichkeit wie die Kausalzusammenhänge; denn Gegenstand der Betrachtung ist ja die gleiche Natur, die Untersuchungsobjekt der Naturwissenschaften ist – nur die Perspektive ist eine andere. Man könnte Naturforschung mit einem Teppichgewebe vergleichen, in dem es Längsfäden und Querfäden gibt; den Längsfäden entsprechen die einzelnen Naturwissenschaften, die kausal sozusagen an jeweils einem Faden entlang denken, während den Querfäden die harmonikale Forschung entspricht, indem sie Analogien zwischen den einzelnen Gebieten feststellt. Die Kreuzungspunkte der Fäden wären dann die Intervallproportionen, die einerseits kausal bewiesene Bestandteile von einzelnen Naturwissenschaften sind und andererseits analogische Verbindungen auf harmonikaler Basis ermöglichen. Und dieses Teppichgewebe aus Kausalitäten und Analogien wäre überdies eine Entsprechung zu jenem Schöpfungsplan Gottes, den Kepler stets als selbstverständlich annahm. Heute freilich ist eine derartige Annahme nur selten Voraussetzung für wissenschaftliches Forschen, doch könnte die von empirisch gesicherten Fakten induktiv ausgehende Harmonik die Existenz eines solchen Planes nahelegen, da das Vorhandensein so zahlreicher harmonikaler Analogien kaum anders gedeutet werden kann.

Der Nachweis von harmonikalen Analogien in der Natur soll aber auch als Anregung zur Suche nach weiteren Entsprechungen dienen, von deren Existenz wir unter Berufung auf die erwähnten Gedanken von Matthieu ([84]) überzeugt sind. Einige sind in der Tat schon bekannt, doch treten sie in Grenzgebieten der Wissenschaft auf und gelten daher vielfach als umstritten. Wir wollen sie aber wenigstens aufzählen, um damit ein Nachdenken unter neuen Voraussetzungen anzuregen. ([46])

1. Die Homöopathie, das von Hahnemann 1810 begründete Heilverfahren, beruht vorwiegend auf dem Ähnlichkeitsgesetz *Similia similibus curantur*. Krankheiten sollen durch solche Arzneimittel geheilt werden, die ähnliche künstliche Krankheiten zu erregen vermögen.

2. Die Radiästhesie ist zwar heute empirisch gesichert, doch ist ihre Wirkungsweise noch ungeklärt. Unbekannte Schwingungen werden analogisch (durch Rute, Pendel oder Instrument) angezeigt, wobei ein mit spezieller Sensibilität begabter Mensch als Vermittler dient.

3. Synchronizitätsphänomene hat vor allem der Psychologe Carl Gustav Jung untersucht und dabei u. a. auch auf die Vorstellung einer ›prästabilierten Harmonie‹ bei Leibniz hingewiesen ([6] S. 107, 155, 161), doch ist eine wesentliche Voraussetzung für beide das Vorhandensein von Analogie.

4. Die Astrologie, mit der sich bekanntlich auch Kepler beschäftigte und die er zudem in seine harmonikalen Untersuchungen einbezog[3], beruht auf empirischen Beobachtungen, ist jedoch kausal nicht erklärbar und daher wissenschaftlich umstritten. Auch hier handelt es sich um Analogien, da Parallelen zwischen astronomischen Fakten und irdischen Abläufen aufgezeigt werden.

Nimmt man ernsthaft zur Kenntnis, daß Analogien ebenso gesicherte Bestandteile der Naturgesetzlichkeit sind wie Kausalitäten, so fällt es vielleicht leichter, zu diesen Grenzgebieten einen Zugang zu finden und sie in ein künftiges ganzheitliches Weltbild mit einzubauen. Eine beträchtliche Bewußtseinserweiterung könnte jedenfalls mit Hilfe des Analogiedenkens gewonnen werden.

IV. Finales (teleologisches) Denken bei Kepler

Schon das Titelblatt von Keplers erstem Buch über die Weltharmonie, *Mysterium cosmographicum* ([70]), das er im

[3] Vgl. den Abschnitt *Keplers zweifache Weltharmonik*, S. 79.

Alter von 25 Jahren veröffentlichte, enthält eine bemerkenswerte Formulierung. In dem langen Untertitel stehen nämlich die Worte » ... bezüglich der wahren und eigentlichen Ursachen für Zahl und Größe der Himmelssphären«. Das heißt, daß sich Kepler nicht mit der Darstellung der naturwissenschaftlich ermittelten Fakten zu begnügen gedenkt, sondern deren ›eigentliche‹ Ursachen aufdecken will. Heute würde man als selbstverständlich annehmen, daß er damit eine kausale, physikalische Begründung meine, doch ist das nicht der Fall; denn Kepler sagt ausdrücklich: »Bei den vorliegenden Kapiteln werde ich die Physiker gegen mich haben, weil ich die natürlichen Eigenschaften der Planeten aus immateriellen Dingen und mathematischen Figuren abgeleitet habe« ([70] S. 64) (nämlich den zwischen die Planetensphären konstruierten fünf platonischen Körpern).

Die gleiche Denkweise finden wir auch später in der *Weltharmonik*, weshalb sich Max Caspar bei der Kommentierung des Werkes dort, wo Kepler das dritte Planetengesetz darstellt, zu der Anmerkung genötigt sieht: »Kepler spricht mit keinem Wort von den physikalischen Überlegungen, die ihn ... beim Auffinden des dritten Gesetzes geleitet haben.« ([74] S. 386)

Kepler war also auch hier offenbar an den physikalischen Ursachen nicht interessiert. Dieses Desinteresse erregt nicht nur unser Erstaunen, sondern hat schon im Barock Verwunderung verursacht, wie Max Caspar aufzeigt ([74] S. 52). Daher auch schrieb Galilei in einem Brief nach Keplers Tod: »Ich habe Kepler stets wegen seines freien und feinen Verstandes geschätzt, allein seine Art zu philosophieren ist von der meinigen durchaus verschieden.« ([70] S. XXV f.)

Wenn Kepler also nicht nach physikalischen Wirkursachen suchte, so müssen wir uns fragen, welche anderen Begründungen es waren, denen seine Überlegungen galten.

Kepler spricht das sehr deutlich aus, so daß wir seine Absicht mit seinen eigenen Worten vortragen können. Die

Überschrift zum fünften Buch der *Weltharmonik,* das den berühmten harmonikalen Beweis enthält, hat folgenden Wortlaut: »Die vollkommenste Harmonie in den himmlischen Bewegungen und die daher rührende Entstehung der Exzentrizitäten, Bahnhalbmesser und Umlaufszeiten« ([74] S. 277). Dieser Formulierung entnehmen wir die erstaunliche Mitteilung, daß er die harmonikale Harmonie als Ursache für die Gestalt der Planetenbahnen betrachtet! Wir würden doch natürlich umgekehrt argumentieren und meinen, daß die Beschaffenheit der Bahnen Ursache für die festgestellten Intervallproportionen sei. Kepler denkt mithin anders, und das geht auch aus der Überschrift des neunten Kapitels im fünften Buch hervor. »Daß die Exzentrizitäten bei den einzelnen Planeten ihren Ursprung in der Vorsorge für die Harmonien zwischen ihren Bewegungen haben« ([74] S. 316). Also: Die elliptische Form der Planetenbahnen ist Folge der harmonikalen Konzipierung des Sonnensystems. Das Wort ›Vorsorge‹ führt uns noch einen Schritt weiter in Keplers Überlegungen.

Kepler unternimmt nämlich im neunten Kapitel eine Rechtfertigung seiner Entdeckung der Ellipsengestalt der Planetenbahnen. Galt doch in der damaligen Mathematik der Kreis als die vollkommenste Figur der ebenen Geometrie, und daher fiel manchen Zeitgenossen Keplers die Annahme von Ellipsen, also unvollkommeneren Gebilden, als Planetenbahnen schwer. Deshalb begründet Kepler nunmehr seine Entdeckung; denn der zuvor erfolgte Nachweis harmonikaler Gesetze in den Planetenbahnen liefert ihm dazu ein wichtiges Argument. Er führt aus, daß Gott bei der Erschaffung der Welt ganz bewußt nicht die Form vollkommener Kreise für die Planetenbahnen gewählt habe, weil sein eigentliches Ziel die musikalische Harmonie gewesen sei. Und in diesem Zusammenhang stehen folgende gewichtige Worte:

»Es mußten die größeren Proportionen der Bahnen sich zugunsten der kleineren Proportionen der *zur Herstellung der Harmonie erforderlichen* Exzentrizitäten eine leichte Änderung gefallen lassen.« ([74] S. 317; Hervorh. v. Verf.)

Das besagt, daß Gott von der Kreisform deshalb abweichen mußte, weil er musikalische Intervalle in den Planetenbahnen haben wollte, die bei Kreisen nicht zustandegekommen wären (denn bei einem Kreis, in dessen Mittelpunkt die Sonne steht, würden alle Winkelgeschwindigkeiten bei einem ganzen Umlauf gleich sein, während eine Ellipse unterschiedliche Werte und damit auch verschiedene Töne liefern muß).

Kepler argumentiert also mit dem Ziel des Schöpfers, eben den Intervallproportionen, und stellt sie als die eigentliche Ursache für die elliptischen Bahnen dar. Für ihn hat die Gestalt des Planetensystems eine *causa finalis*, ein geistiges Ziel, und das ist teleologische Denkweise. Demgegenüber interessiert ihn die physikalische *causa efficiens* nicht – jedenfalls nicht für diesen wesentlichen Sachverhalt (Kepler kannte auch eine physikalisch-kausale Betrachtungsweise, doch ist diese für uns selbstverständlich, während das finale Denken seither in den Hintergrund getreten ist).

V. Finales (teleologisches) Denken in der Gegenwart

Die Zeit nach Kepler, insbesondere seit Kant, wie schon erwähnt, ist gekennzeichnet durch zunehmenden Einfluß physikalischer Methoden in den Naturwissenschaften, das heißt durch immer stärkere Betonung der kausalen Denkweise. Man forscht nach den Wirkursachen, und hat man sie gefunden, so sucht man deren Ursachen und dann wiederum Ursachen für diese und fragt sich auf solche Art konsequent stufenweise in die Materie hinein mit gleichsam rückwärts gewendetem Blick. Man bleibt nicht bei der Beschreibung der Atome stehen, sondern versucht sie zu zertrümmern, um immer neue Komponenten letzter Ursachen zu finden. Man ist mit Recht stolz auf die gewaltigen Fortschritte der Naturwissenschaften, auf das ständig zunehmende ›Herrschaftswissen‹, wie Max Scheler einmal formulierte (zit. nach [91] S. 132); denn die gewonnenen Kenntnisse brachten nicht nur geistige Bereicherung, sondern auch Verfügbarmachung dieses Wissens in der Technik, durch die der Mensch zum Nachschöpfer wurde mit unleugbarem Gewinn auf allen Gebieten des Daseins. Aber auch mit anderen Folgen; denn die Erforschung der atomaren Kräfte führte auch zur Atombombe und zur Atomangst, und die Vielzahl von neuen Möglichkeiten, die aus der Beherrschung der Materie erwuchs, förderte gewiß auch Materialismus und Atheismus, zumindest bis an den Anfang unseres Jahrhunderts, wennschon dabei auch andere Ursachen im Spiel waren. Noch heute ist zum Beispiel die Tendenz weit verbreitet, auch biologische Fakten, also Gestalten, Formen, das Leben usw. rein physikalisch-chemisch zu erklären, und nur wenige Einsichtige halten dies für prinzipiell unmöglich.

Einer der prominentesten Kritiker solcher Denkweise ist der Schweizer Physiker Walter Heitler, mit dessen Gedanken wir die skizzierte einseitige Entwicklung kompensieren wollen, um dadurch wieder zu unserem Thema zurückzufinden. In einem größeren Aufsatz spricht er über das lebendige Wachstum, und darin finden sich folgende Sätze:

»Wieso kommt es ..., daß Zellen, die zunächst so völlig gleichartig aussehen, plötzlich anfangen, sich so ganz verschieden zu entwickeln, völlig verschiedene Gestalt und völlig verschiedene Funktionen annehmen? Wir wissen, daß von vornherein jede Zelle den ganzen Bauplan der ganzen Pflanze enthält. ... Wir bezeichnen damit den gesamten Gestaltungsplan und das gesamte Funktionsgefüge aller Organe der Pflanzen, wie man ja auch von dem Bauplan einer komplizierten Maschine spricht. ... Den Konstrukteur der Pflanze kennen wir nicht. ... Der Bauplan aber ist in der Pflanze offensichtlich selbst enthalten. ... Es wird allgemein angenommen, daß der Bauplan kodifiziert in gewissen chemischen Strukturen in der Zelle ausgedrückt ist. ... Er ist im Zellkern enthalten. Aber wie der morphologische Code aussieht, welche chemische Struktur in der Zelle es ist, die letztlich zur Gestalt einer Tannennadel führt, und vor allem welches der Weg von diesem Code zur Gestaltung ist, das alles ist völlig unbekannt. Wenn eine Zelle nun im Laufe des Wachstums zu einer ganz spezialisierten Körperzelle wird, z. B. zu einer atmenden Blattzelle, so realisiert sie in sich selbst einen Teil des Bauplans, einen sehr kleinen Teil sogar. Von dem Rest des Bauplans, der z. B. mit den Wurzeln zu tun hat, macht sie keinen Gebrauch. ... Aber wer gibt der einzelnen Zelle den Befehl, diese und keine anderen Gene zu aktivieren, wer sagt ihr, daß sie sich nun in eine Blattzelle und nicht in eine Wurzelzelle zu entwickeln hat? Die Fragestellung weist eindeutig darauf hin, daß es in jedem Organismus so etwas wie eine Zentralinstanz gibt, die die Vorgänge lenkt. Sie gehört dem Organismus als einem Ganzen an und lenkt die Vorgänge so, daß die Ganzheit aufgebaut wird und auch – bei Schädigung – wiederhergestellt wird. ... Ich nenne sie gewöhnlich Innenwesen. ... Dieses Innenwesen ist also in der Lage, chemische und physikalische Prozesse zu steuern, zu lenken, und zwar so zu lenken, daß sie dem Aufbau und dem Leben des ganzen Organismus dienen. Es ist den physikalischen und chemischen Gesetzen, denen die Materie gehorcht, wenn sie leblos ist, übergeordnet und kann diese bis zu einem gewissen Grad überspielen. ... Leben ist deshalb unendlich viel mehr als leblose Materie.« ([50] S. 206–15)

Diese Ausführungen enthalten eine klare Widerlegung des Anspruches totaler Gültigkeit physikalischer und chemischer Gesetze sowie kausaler Erklärungsweise. In der lebendigen Natur sind die Vorgänge offensichtlich auf bestimmte Ziele und Zwecke hin orientiert, und die teleologische Denkweise, die Heitler hier anwendet, ist die diesen Fakten weitaus adäquatere. Es ist daher auch kein Zufall, daß Ausdrücke wie ›Bauplan‹, ›Gestalt‹ und ›Ganzheit‹ verwendet werden; denn auch in diesen manifestieren sich die Zielvorstellungen und Endergebnisse.

Wie wir bereits angedeutet hatten, vermag die harmonikale Forschung mit den Methoden Keplers zahlreiche harmonikale Naturgesetze in den verschiedenen Wissenschaften nachzuweisen. Überblickt man das Gesamtergebnis (vgl. [41]), so ist festzustellen, daß diese harmonikalen Proportionen überwiegend an Endpunkten von Entwicklungen, an ganzheitlichen Gebilden, als Bestandteile bzw. Charakteristika von Formen und Organismen auftreten. Die Intervallproportionen in der Natur sind also nicht typisch für die Entstehung von Objekten oder Vorgängen, und bei der Suche nach der *causa efficiens* wird man ihnen daher kaum begegnen oder ihre Bedeutung unterschätzen. Erst bei teleologischer Betrachtungsweise fällt der erwähnte Sachverhalt auf. Wir wollen dafür einige Beispiele geben:

1. Im fertigen System der Planeten wies Kepler Intervallproportionen nach, die, wie wir heute wissen[4], durch die Jahrhunderte hindurch konstant geblieben, also Hauptgesetze des Planetensystems sind.

2. An der Zuordnung der Flächen ausgewachsener Kristalle stellte Victor Goldschmidt harmonikale Gesetze fest. ([18])

3. Die sogenannte Hauptreihe der Blattstellungszahlen (1/2, 1/3, 2/5, 3/8, 5/13 usw.) ist leicht harmonikal interpretierbar und kennzeichnet die Blattstellungen wechselständiger Pflanzen und den gesetzlichen Aufbau von Coniferenzapfen.

4. Das periodische System der Elemente hat als Ganzheit bekanntlich vielfältige Eigenschaften, die aber nur dann zutage treten, wenn die Elemente in der Reihenfolge ihrer Kernladungen (= Ordnungszahlen, = Elektronenzahlen) angeordnet werden. Diese Reihe der Naturzahlen ist aber identisch mit dem Aufbaugesetz der Obertonreihe, also eine Analogie zum wichtigsten harmonikalen Naturgesetz.

[4] Näheres hierzu im Nachwort *Zur Kritik an Keplers Weltharmonik*, S. 127.

5. Die größte Häufung harmonikaler Naturgesetze findet sich beim Menschen vor, dessen Gestalt klar nach Intervallproportionen gegliedert ist ([41] S. 92 ff.) und dessen physiologische Rhythmik nach einfachsten Proportionen, die lediglich aus den Zahlen 1 bis 4 bestehen, also lauter Konsonanzen sind, koordiniert verläuft, wie Gunther Hildebrandt in zahlreichen Publikationen nachgewiesen hat ([54], [55], [57]). Da aber der Mensch mit Recht als die Krone der Schöpfung gilt, könnte man diese besondere Vielzahl harmonikaler Gesetze auch als teleologischen Gesamttrend der Natur interpretieren.

Wir sehen an diesen Beispielen deutlich, wie eng die genannten harmonikalen Naturgesetze mit Ganzheiten, Endzuständen, Formen, Gestalten zusammenhängen, so daß die Verbindung zu dem obigen Zitat von Walter Heitler klar zu erkennen ist. Und noch einmal sei gesagt, daß dieses finale Vorkommen der Intervallproportionen nicht analytisch erklärbar ist, sondern einen komplementären Aspekt der Natur zu den Ergebnissen kausaler Forschung darstellt ([51]). Harmonikale Methodik führt mithin wie bei der Aufdeckung von Analogien nochmals zur Erweiterung der Naturerkenntnis. Unsere für Analogie und für Finalität ausgewählten Beispiele (und viele weitere) können mit typisch naturwissenschaftlichen Methoden allein nicht erklärt werden, es müssen zusätzliche, uns vorerst nicht erkennbare Ursachen angenommen werden, und Kepler war daher völlig im Recht, wenn er Analogie und Finalität bei der Naturerforschung anwendete.

Naturwissenschaftliche Kausalforschung führt letztlich zu den Atomen und ihren Bestandteilen. Wie sind nun demgegenüber die harmonikalen Gesetze beschaffen, über die wir so viele Aussagen gemacht haben? Diese Frage soll jetzt noch genauer beantwortet werden. Es handelt sich um Intervallproportionen, und diese sind Dualitäten:

1. deshalb, weil im Intervall zwei Töne zu einer Einheit der Empfindung verschmelzen, die auch transponiert, das

heißt unabhängig von der absoluten Tonhöhe der zugehörigen Töne erkennbar ist;

2. weil Intervalle ambivalent sind, insofern sie einerseits Quantitäten darstellen, nämlich Zahlenverhältnisse von Frequenzen bzw. (reziprok) von Wellenlängen, andererseits werden sie psychisch empfunden, sind also Qualitäten (Sinnesqualitäten), die mit Worten nicht beschrieben werden können (wie z. B. auch die Farben); daraus folgt, daß

3. der Mensch zwei prinzipiell verschiedene Zugänge zur Intervallerkenntnis hat, nämlich seinen Verstand (Mathematik) und das seelische Empfindungsvermögen, das in diesem Fall erkenntnismäßig übergeordnet ist, weil nur in ihm jene Verschmelzung der Töne zustandekommt, während der Verstand lediglich Zahlenpaare registrieren würde.

Der Unterschied zwischen Atomen und Intervallen ist also nicht nur der, daß Atome sozusagen am Ursprung von Naturvorgängen stehen und Intervalle vorwiegend an Endpunkten, sondern es handelt sich um ein prinzipielles Anderssein. Man könnte sagen, ein Intervall ist ein ganz anderes Ordnungsmuster ([45]) als das Atom. Daraus folgt ferner, daß die harmonikale Naturbetrachtung im Gegensatz zur naturwissenschaftlichen auch psychische Gesetze zur Naturerkenntnis verwendet und ästhetische Prinzipien einbezieht, da ja die Intervalle außerdem Grundlagen der Musik sind zufolge einer höchst sinnreichen Disposition des menschlichen Gehörs ([42], [43]). Harmonikale Forschung hat demnach einen prinzipiell größeren Ambitus als die naturwissenschaftliche, die auf Quantitäten beschränkt ist. Daß es außerdem möglich ist, die gleichen Proportionen bewußt auch auf anderen Gebieten anzuwenden, vor allem in der Architektur ([44] S. 81 ff.), sei hier nur am Rande erwähnt; wir nennen das heute ›angewandte Harmonik‹.

VI. Synthese

Analogie und Finalität waren für Kepler Denkoperationen, deren Anwendung in der Naturforschung er für sinnvoll und notwendig hielt, zusätzlich zur kausalen Methode, die er ebenfalls beherrschte. Wir können heute beweisen, daß Keplers Verfahrensweise prinzipiell richtig war, da wir mit einem weit umfangreicheren Wissen von der Natur sowohl Analogie als auch Finalität als integrierte Prinzipien ihres Wirkens erfassen können, ebenso wie auch die Kausalverknüpfungen, die aber keineswegs die einzigen Relationen in der Natur sind. Analogie und Finalität sind nicht nur logische Operationen, sondern auch ontologische Fakten, auch wenn wir ihr Sosein aus den Objekten unseres Forschens nicht erklären können. Keplers Gedanken, insbesondere in seinen Arbeiten über die Weltharmonie, die ja bekanntlich für ihn der wichtigste Lebensinhalt waren, reichten also weiter als die tradierte naturwissenschaftliche Methodik und können daher als beispielhaft für die Gegenwart und die Zukunft erachtet werden. Aber nicht nur für die Naturforscher ist diese Erkenntnis wichtig. Führt doch die Einbeziehung von Analogien und Finalitäten zu einem ganz anderen Weltbild, als es die Naturwissenschaften darzustellen vermögen. Walter Heitler sagte einmal ([49 a] S. 21), daß das sogenannte naturwissenschaftliche Weltbild kein umfassendes sei, sondern nur »eine Projektion der Welt auf eine kausal-quantitative Ebene«. Keplers Weltbild war daher im Prinzip umfassender als das damalige naturwissenschaftliche, und analog verhilft uns heute die Einbeziehung harmonikaler Forschungsergebnisse zu einer prinzipiellen Erweiterung unserer Naturerkenntnis.

In dieses umfangreichere Weltbild ist der Mensch weit mehr einbezogen als in das rein naturwissenschaftliche, nämlich nicht nur mit den Denkkategorien seines Verstandes, sondern auch mit psychischen Empfindungen und mit Kunstwerken, die er geschaffen hat. Darüber hinaus lassen die zur Naturgesetzlichkeit gehörenden Analogien und Finalitäten auf geistige Ordnungen schließen, die nicht kausal und materialistisch erklärt werden können, deren Existenz uns vielmehr zur Annahme eines den verschiedenen Bereichen gemeinsamen Planes zwingt, nach welchem unabhängig voneinander in den einzelnen Gebieten analoge Ziele erreicht werden – auf getrennten Wegen sozusagen, deren Verlauf mit der naturwissenschaftlichen Kausalforschung teilweise beschrieben werden kann. Diese Perspektive von der Welt ist kein ›Herrschaftswissen‹, das der Dienstbarmachung oder gar Ausbeutung der Natur dient, sondern, wie Max Scheler sagte, ein ›Heilswissen‹, wie es im Alterum vorherrschte. ([91] S. 132)

Kepler war von einem göttlichen Schöpfungsplan zutiefst überzeugt, wie aus allen seinen Werken hervorgeht, und seine wiederholten Berufungen auf Gott waren keineswegs eine unerlaubte Einbeziehung der Theologie in die Naturforschung, wie man ihm später vorgeworfen hat, sondern basierten auf der klaren Erkenntnis von der geistigen Abhängigkeit der materiellen Welt. Die neuerliche Einbeziehung von Analogien und Finalitäten in unser Weltbild muß auch heute zu den gleichen Schlußfolgerungen führen, und wissenschaftliche Forschung muß nicht nur zu den Atomen und der Angst vor dem Mißbrauch ihrer Gesetze führen, sondern kann ebenso auch auf Harmoniegesetze verweisen und auf einen durch sie erfaßbaren höheren Sinn unserer Welt.

Keplers Weltharmonik in Vergangenheit, Gegenwart und Zukunft

Als 1969 Johannes Keplers *Harmonices mundi libri V*, die 5 Bücher von der Weltharmonik ([74]), 350 Jahre alt wurden, hat kaum jemand daran gedacht, dieses Ereignis sonderlich wichtig zu nehmen, ja überhaupt zu beachten, daß es sich bei diesem Buch um das Hauptwerk des großen Astronomen und Mathematikers handeln könne. Wie sollte man auch, da doch schon seit Jahrhunderten die Keplerschen Bemühungen um eine Weltharmonie nur mehr am Rande erwähnt, mit Befremden natürlich, allenfalls entschuldigt, aber nicht ernst genommen wurden. So schrieb Whewell in seiner *Geschichte der inductiven Wissenschaften* ironisch über Kepler:

»Der mystische Teil seiner Ansichten von der Natur scheint auf seine Entdeckungen keinen nachteiligen Einfluß gehabt, sondern vielmehr seine Erfindungskraft und seine ganze geistige Tätigkeit nur noch mehr aufgereizt zu haben.« ([104], zit. nach [64] S. 172)

Bissiger noch äußerte sich Helmholtz, der große Physiker, indem er – zunächst auf Athanasius Kircher verweisend – belächelt, daß bei diesem »nicht nur der Makrokosmos, sondern auch der Mikrokosmos musiziere«, und weiter bemerkt, »daß selbst ein Mann von tiefstem wissenschaftlichen Geiste wie Kepler« sich von dieser Art von Vorstellungen nicht habe freimachen können, ja daß es auch später noch Gemüter gebe, denen »Phantasieren bequemer ist als wissenschaftliche Arbeit« (zit. nach [99] Bd. 1, S. 51). 1967 bezeichnete der Akustiker Fritz Winckel den Gedanken einer kosmischen Harmonie als »eine fast romantische Ansicht, in der seit Kepler immer wieder Naturwissenschaftler und Musiker befangen gewesen sind« ([105] S. 86). Solche Ansichten sind weit verbreitet, wenn man es nicht überhaupt vorzieht, Keplers Bemühen um die Darstellung einer Weltharmonie gänzlich zu verschweigen, wie noch Albert Einstein dies in einem Vorwort zu einer neueren Kepler-Biographie ([4] S. 9 f.) tut. Mit allen diesen Äußerungen wird freilich Keplers wahres Streben verkannt, seine eigentliche Lebensaufgabe mißdeutet, und das in einer ganz und gar unwissenschaftlichen Weise; denn offenkundig hat sich kein einziger der zitierten Wissenschaftler wirklich mit Keplers Anliegen beschäftigt, sondern sie alle beten nur ein ganz entstelltes Keplerbild nach, das auf Laplace zurückgehen dürfte.[5]

In Wahrheit aber verhielten sich die Dinge ganz anders. Wir gehen dabei aus von der Tatsache, daß Kepler schon in jungen Jahren Aufsehen erregte durch seine erste größere wissenschaftliche Abhandlung mit dem Titel *Mysterium cosmographicum* ([70]), die er als 23jähriger verfaßte. Es ging ihm schon hier um die Weltharmonie, die sich Kepler, der damals die elliptische Gestalt der Planetenbahnen noch nicht entdeckt hatte, so vorstellte, daß zwischen die Sphären der Planeten die sogenannten Platonischen Körper einkonstruierbar seien. Diese einzigen regelmäßigen Körper der Geometrie hätten sozusagen die Grundlagen von Gottes Plan für das Sonnensystem geliefert; denn um diesen Plan ging es Kepler, um die Ergründung der Ursachen für die Gestalt der Planetenbahnen – weniger um diese selbst, und wir werden sehen, daß er auch später diese Betrachtungsweise beibehielt.

Nach 25 Jahren mußte eine Neuauflage des *Mysterium cosmographicum* gedruckt werden, obwohl Kepler inzwischen die elliptische Gestalt der Planetenbahnen entdeckt

[5] Il est affligeant pour l'esprit humain, de voir ce grand homme, même dans ses derniers ouvrages, se complaire avec délices dans ces chimériques spéculations, et les regarder comme l'ame et la vie de l'Astronomie. Leur mélange avec ses véritables découvertes, fut sans doute, la cause pour laquelle les astronomes de son temps, Descartes luimême et Galilée, qui pouvaient tirer le parti le plus avantageux de ses lois, ne par aissent pas en avoir senti l'importance. ([81] S. 342)

hatte und diese Lösung des Problems der Weltharmonie daher eigentlich überholt war. Im Vorwort zu dieser zweiten Auflage stehen die schwerwiegenden Worte, die sich auf die erste Auflage beziehen:

»Fast alle astronomischen Bücher, die ich seit jener Zeit herausgab, konnten sich auf eines der Hauptkapitel in diesem kleinen Buch beziehen, als dessen Erweiterung oder Vervollkommnung sie sich daher darstellen.« ([75] S. 9; vgl. [70] S. 14)

Das heißt nichts anderes, als daß die für alle Zeiten so bedeutsamen astronomischen Entdeckungen Keplers, also auch die seiner ersten beiden Planetengesetze in der *Astronomia nova* ([72]), schließlich Folgen dieser seiner Beschäftigung mit dem Gedanken der Weltharmonie sind. Er entdeckte sie im Zusammenhang mit den ihm inzwischen in Prag durch Tycho Brahe übertragenen Aufgaben. Es war jedoch durchaus nicht primär der berühmte Astronom Brahe, der den jungen Astronomen Kepler anzog, sondern Keplers Gedanken gingen in eine ganz andere Richtung. Das bekundet er an jener Stelle, wo ihm der Beweis der Weltharmonie wirklich gelang, nämlich im 5. Buch seiner Weltharmonik: »Was mich veranlaßt hat, den besten Teil meines Lebens astronomischen Studien zu widmen, Tycho Brahe aufzusuchen und Prag als Wohnsitz zu wählen, das habe ich mit Gottes Hilfe endlich ans Licht gebracht.« ([74] S. 279)

Das besagt, daß Kepler um seines Beweises der Weltharmonie willen zu Tycho Brahe ging, weil er nämlich glaubte, mit dessen vorzüglichem Beobachtungsmaterial die besten Unterlagen für diesen Beweis zu erhalten, für den er ja im *Mysterium cosmographicum* erst ein Modell, eine Näherungslösung oder Infrastruktur – wie sich später herausstellen sollte ([103] Bd. 2, S. 135) – niedergelegt hatte.

Bekannter ist vielleicht die Tatsache, daß in dem erwähnten 5. Buch der *Weltharmonik* auch Keplers 3. Planetengesetz zu finden ist. Es erscheint dort in Kapitel 3 unter 13 Hauptsätzen der Astronomie, die Kepler für seinen

Beweis der Weltharmonie benötigt, an achter Stelle. Es ist also keineswegs Hauptanliegen dieses Werkes, sondern dient Kepler lediglich als Mittel zum Zweck für den sich anschließenden Beweisgang. Ja, wir wissen heute sogar, daß dieses 3. Planetengesetz, das Kepler erst kurz vor der Vollendung des Buches einfiel, später eingefügt wurde und mit dem eigentlichen Beweisgang sehr wenig zu tun hat, ihm sozusagen nur zu einer letzten Krönung verhilft ([40]). Immerhin steht aber auch dieses Gesetz im Zusammenhang mit Keplers Streben nach dem Beweis der Weltharmonie.

Kepler beendet diesen Beweisgang mit einem Gebet, einem Dank an den Schöpfer, der die folgenden bezeichnenden Worte enthält: »Siehe, ich habe jetzt das Werk vollendet, zu dem ich mich bekenne. Ich habe dabei alle die Kräfte meines Geistes genutzt, die Du mir verliehen hast. Ich habe die Herrlichkeit Deiner Werke den Menschen, die meine Ausführungen lesen werden, geoffenbart, soviel von ihrem unendlichen Reichtum mein enger Verstand hat erfassen können.« ([7] S. 350)

Wir wollen uns der Aufgabe unterziehen, den Keplerschen Beweis der Weltharmonie etwas genauer zu betrachten. Das *Mysterium cosmographicum* braucht uns dabei nicht mehr zu interessieren, da sein Inhalt allein schon durch Keplers Entdeckung der elliptischen Planetenbahnen überholt ist. Kepler hat in den nachfolgenden Jahren noch einen weiteren Fortschritt erreicht. Er hat sich nämlich ausführlich mit Musiktheorie beschäftigt und ist, wie wir aus seinen Briefen[6] wissen, dabei buchstäblich den Spuren der Pythagoreer gefolgt, indem er ausführliche Monochord-Experimente gemacht und sich vor allem die der Intervallbildung zugrundeliegenden Proportionenlehre angeeignet hat. Da aber andererseits einfache Zahlenverhältnisse auch in der Geometrie eine große Rolle spielen, stellte sich für Kepler damit ein Zusammenhang zu seinen

[6]Vgl. den Brief an Herwart von Hohenburg im April 1607; in [12] Bd. 1, S. 276.

früheren Forschungen zur Weltharmonie her, deren erste Lösung ja eine rein geometrische gewesen war.

Diese Tatsachen bilden daher auch die Grundlage seines harmonikalen Hauptwerkes, der *Harmonices mundi libri V*, von denen vor allem die vier ersten Bücher den Nachweis der Proportionen und der mit ihnen verbundenen Gesetzmäßigkeiten auf verschiedenen Gebieten enthalten. Kepler denkt hier also morphologisch, er sieht analoge Gegebenheiten in unterschiedlichen Bereichen. Dieses Aufzeigen von Analogien ist bei ihm kein Zufall: »Ganz besonders liebe ich die Analogien als meine zuverlässigsten Lehrmeister, die um alle Geheimnisse der Natur wissen« ([71] zit. nach [87], S. 557); für ihn war also das Analogiedenken eine Methode, so wie übrigens auch für Leibniz der exakte Analogiebegriff große Wichtigkeit hatte ([29] S. 46). Es ist noch viel zu wenig beachtet worden, welche große wissenschaftliche Bedeutung dieses den Naturwissenschaften heute ferner stehende Analogiedenken hat ([98]). Wenn Kepler in den Büchern 1 bis 4 der *Weltharmonik* auf den Gebieten der Geometrie, Musiktheorie und Astrologie identische Proportionsgesetze nachweist, so wäre damit schon eine Art Weltharmonie aufgezeigt, doch ist das natürlich noch nicht der eigentliche Beweis.

Den Beweis der Weltharmonie enthält das 5. Buch, dessen Inhalt an sich astronomisch ist, da es die Planetenbahnen behandelt, doch stellt es andererseits eine Synthese der in den voraufgegangenen Büchern angeschnittenen Probleme dar und nimmt mit vielen Notenbeispielen vor allem auf das 3. Buch Bezug, weil der von Kepler durchgeführte Beweis mit musiktheoretischen Mitteln erbracht wird. Zuvor aber werden im 3. Kapitel noch 13 Hauptsätze der Astronomie angeführt, die Kepler ebenfalls für seinen Beweis braucht, und unter diesen befindet sich, wie schon erwähnt, an 8. Stelle sein später so genanntes drittes Planetengesetz, das freilich dort noch eine andere Formulierung hat, wie wir sie heute nicht verwenden: »Es ist ganz sicher und stimmt vollkommen, daß die Proportion, die

Saturn	Aphel a	a : b = 4 : 5	große Terz
	Perihel b	a : d = 1 : 3	Duodezime
		c : d = 5 : 6	kleine Terz
Jupiter	Aphel c	b : c = 1 : 2	Oktave
	Perihel d	c : f = 1 : 8	drei Oktaven
		e : f = 2 : 3	Quinte
Mars	Aphel e	d : e = 5 : 24	kl. Terz + 2 Oktaven
	Perihel f	e : h = 5 : 12	kleine Terz + Oktave
Erde	Aphel g	g : h = 15 : 16	diatonischer Halbton
	Perihel h	f : g = 2 : 3	Quinte
		g : k = 3 : 5	große Sexte
Venus	Aphel i	i : k = 24 : 25	chromat. Halbton
	Perihel k	h : i = 5 : 8	kleine Sexte
		i : m = 1 : 4	zwei Oktaven
Merkur	Aphel l	l : m = 5 : 12	kleine Terz + Oktave
	Perihel m	k : l = 3 : 5	große Sexte

zwischen den Umlaufzeiten irgend zweier Planeten besteht, genau das Anderthalbe der Proportion der mittleren Abstände, d. h. der Bahnen selber, ist« ([74] S. 291).

Dieser Wortlaut entspricht ganz dem Untersuchungsgang Keplers, weshalb auch hier der Begriff der Proportion im Mittelpunkt steht, während erstaunlicherweise, wie Max Caspar anmerkt, »mit keinem Wort von den physikalischen Überlegungen, die ihn ... beim Auffinden des 3. Gesetzes geleitet haben« ([7] S. 386), die Rede ist. Kepler erweist sich also selbst an dieser für die Geschichte der Naturwissenschaft so bedeutungsvollen Stelle primär als Harmoniker.

Vom 4. Kapitel ab erfolgt die harmonikale Untersuchung der Planetenbahnen in der Weise, daß Kepler die verschiedenen Bahnwerte der Planetenbahnen, also die Entfernungen von der Sonne, die Umlaufzeiten, die

Tagesbögen usw. durchrechnet und die astronomischen Meßwerte in Intervallproportionen umwandelt, die er in Tabellen zusammenstellt und diskutiert. Die Ergebnisse befriedigen ihn zunächst nicht ganz, bis ihm dann die eigentliche, wichtigste Entdeckung gelingt, beim Vergleich nämlich der von der Sonne aus gemessenen Winkel, welche durch das Fortschreiten der Planeten in 24 Stunden an den Extrempunkten ihrer Bahnen, dem Perihel und dem Aphel, gebildet werden. Dabei ergibt sich ein System von 16 Intervallen, die bis auf zwei Ausnahmen ausschließlich musikalische Konsonanzen sind, also überwiegend Dreiklangstöne ([74] S. 301). (Tabelle gegenüber, Notenbeispiel 1, S. 25)

Natürlich kann man diese Töne nicht direkt hören, doch brauchen wir die Proportionen nur auf einem Monochord oder einem anderen geeigneten Musikinstrument einzustellen, um sie erklingen zu lassen. Das heißt, man kann diese ideellen Intervalle in den Hörbereich transponieren, was auf denkbar einfache Weise möglich ist, und Kepler verwendet infolgedessen auch ganz selbstverständlich unsere geläufigen Intervallbezeichnungen im astronomischen Bereich. Anders ausgedrückt: Es herrscht Analogie in den Planetenbahnen und in der Akustik, weshalb diese gemeinsamen Gesetze mit akustischen Mitteln, vernehmbar über das Gehör, dargestellt werden können.

Kepler untersucht anschließend die Bahn des Mondes um die Erde, wobei er die Quarte als charakteristisches Intervall feststellt, und verwendet obige Intervalltabelle als Grundlage für weitere Untersuchungen, die eigentlich rein musikalischer Natur sind. Er versucht, aus dem vorgefundenen planetarischen Tonmaterial Tonleitern zu bilden, vor allem Dur und Moll, auch Kontrapunkte, mehrstimmige Sätze, Einzelmelodien, wie sie für die verschiedenen Planeten charakteristisch seien, und schließlich formuliert er sogar eine Hypothese, wie wohl die Gesamtharmonie aller Planeten am ersten Schöpfungstage geklungen haben könnte.

Unser Hauptinteresse gilt freilich nicht so sehr diesen weiteren Folgerungen und Hypothesen als vielmehr ihrer Grundlage, eben jenen Aphel- und Perihelbögen; denn mit ihr stehen und fallen natürlich auch alle weiteren Überlegungen. Die Frage ist also, ob diese Planetenintervalle stimmen oder nicht, ob also Keplers musikalischer Nachweis einer Weltharmonie wahr ist oder bloß Fiktion, ein vielleicht aus der Begeisterung für die antike Weltauffassung entsprungenes Trugbild. Die Frage nach Keplers Vorgangsweise wurde bereits eingehend von Georg Nádor untersucht, der zu dem Ergebnis kommt, daß Keplers Darstellung der Weltharmonie keineswegs auf einer dogmatischen Glaubensgrundlage aufgebaut ist, sondern daß sein Harmoniebegriff ein heuristischer ist, der unter fortwährender Selbstkontrolle wissenschaftlich erarbeitet wurde. Nádor zitiert in diesem Zusammenhang aus einem Brief Keplers, der diesen Sachverhalt beleuchtet:

»Ihr meint, daß ich mir zuerst irgendeine gefällige Hypothese ausdenke, und mir selber bei ihrer Ausschmükkung gefalle, sie dann aber erst an den Beobachtungen prüfe. Da täuscht ihr euch aber sehr. Wahr ist vielmehr, daß ich, wenn eine Hypothese mit Hilfe von Beobachtungen aufgebaut und begründet ist, hernach ein wundersames Verlangen verspüre zu untersuchen, ob ich darin nicht irgend einen natürlichen, wohlgefälligen Zusammenhang aufdecken kann. Aber nie stelle ich zuvor ein abschließendes Urteil auf.«[7]

Keplers Verfahrensweise ist also durchaus wissenschaftlich, auch wenn er teilweise andere Methoden verwendet wie die heutige Naturwissenschaft. Die weitere Frage ist nun, ob Keplers Ergebnisse stimmen oder ob er sich geirrt hat. Dieses Problem hat erst vor etwa 30 Jahren der französische Keplerforscher Francis Warrain in einem zweibändigen Werk eingehend untersucht ([103]) und hat bezüglich der hier zur Debatte stehenden Tabelle der Aphel- und Perihelbögen festgestellt, daß Keplers Messun-

[7] J. Kepler: Brief an Fabricius vom 4. Juli 1603; in [12] Bd. 1, S. 187 ff.

gen fast alle sehr genau gewesen sind, bis auf drei, die eine andere Intervallproportion ergeben wie die von Kepler angegebene. Warrain hat darüber hinaus Keplers Methode auch auf die seither neu entdeckten Planeten angewendet und mit ihr eine Fülle weiterer musikalischer Intervalle ermittelt. Es ergeben sich demnach 39 Intervallbeziehungen zwischen den Aphel- und Perihelwerten sämtlicher Planeten, deren nähere Diskussion hier zu weit führen würde und zudem auch bereits an anderer Stelle erfolgt ist.[8] Damit ist klar, daß Keplers Methode zielführend gewesen ist, daß sie auch heute noch anwendbar ist und daß die mit ihr ermittelten Ergebnisse stimmen und auch in der Gegenwart noch gültig sind. Keplers Beweis einer musikalischen Weltharmonie ist also vollauf geglückt, und die von ihm entdeckten Planetenharmonien sind eine Realität.

Es verbleibt uns die Aufgabe, darüber nachzudenken, welche Bedeutung diesem Tatbestand zukommt. Zu diesem Zweck müssen wir uns zunächst wieder Kepler selbst zuwenden, dessen *Weltharmonik* wir noch nicht zu Ende beschrieben haben; denn in der zusammenfassenden Betrachtung der ermittelten Ergebnisse im 9. Kapitel des 5. Buches vergleicht Kepler die von ihm vorgetragenen Ergebnisse mit seinem ersten Vorschlag einer Weltharmonie im *Mysterium cosmographicum*, der, wie Warrain ([103] Bd. 2, S. 135) ausführt, eine Art Infrastruktur des Beweises in der *Weltharmonik* darstellt. Die Einzelheiten sind für unseren Zweck uninteressant, wichtiger hingegen ist die Art der Betrachtung, die Kepler hier anwendet. Von dieser zeugt bereits die Überschrift des 5. Buches, welche lautet: »Die vollkommenste Harmonie in den himmlischen Bewegungen und die daher rührende Entstehung der Exzentrizitäten, Bahnhalbmesser und Umlaufzeiten« ([74] S. 277). Das besagt, daß Kepler die Exzentrizitäten, Bahnhalbmesser und Umlaufszeiten, also die eigentlichen naturwissenschaftlichen Fakten der Planetenbahnen, als Folgen der

[8] Vgl. den Beitrag *Fortsetzungen der Keplerschen Weltharmonik*, Seite 97.

musikalischen Harmonie ansieht! Deutlicher: Die Entstehung der Exzentrizitäten – das ist nichts anderes als die elliptische Form der Bahnen – ist für ihn eine Folge dieser Musikgesetze. Genau dasselbe besagt auch die Überschrift des 9. Kapitels: »Daß die Exzentrizitäten bei den einzelnen Planeten ihren Ursprung in der Vorsorge für die Harmonien zwischen ihren Bewegungen haben« ([74] S. 316). Also auch hier wieder Begründung der elliptischen Gestalt mit den musikalischen Harmonien.

Kepler denkt also genau umgekehrt wie jene Naturwissenschaftler, welche die kausale Denkweise anwenden und daher in diesem Falle die musikalischen Harmonien als Folgeerscheinung der elliptischen Gestalt der Planetenbahnen betrachten. Kepler hingegen argumentiert entgegengesetzt und sagt: Die elliptische Gestalt ist notwendig, damit überhaupt Intervalle entstehen können – was nämlich bei kreisförmigen Bahnen unmöglich wäre. Kepler denkt also nicht kausal, sondern final bzw. teleologisch; er betrachtet diese Zusammenhänge nicht von einer Wirkursache, einer *causa efficiens*, her, sondern sieht sie orientiert auf ein gegebenes Ziel, als eine *causa finalis*. Diese finale Betrachtungsweise ist für Kepler deshalb selbstverständlich, weil er vom Walten eines Schöpfergottes fest überzeugt ist und daher die in der Welt feststellbaren Gesetze als Bekundungen göttlichen Willens ansieht. Die naturwissenschaftlich beschreibbaren Fakten sind für ihn nicht das Wesentliche, sondern der hinter ihnen liegende Plan, das eigentliche Ziel des Schöpfers.

Hinzu kommt, daß damals allgemein der Kreis als die vollkommenste geometrische Figur in der Ebene galt, die Ellipse also als etwas Unvollkommeneres, Untergeordnetes betrachtet wurde. Diese Auffassung bereitete der Keplerschen Entdeckung der Ellipsenform der Planetenbahnen anfangs auch tatsächlich Schwierigkeiten, und selbst für Galilei war sie aus diesem Grund unannehmbar ([16] S. 13, S. 251). Für Kepler entstand daher die für uns merkwürdige Situation, seine Entdeckung erklären, um nicht zu sagen: entschuldigen zu müssen, und dies tut er mit dem Hinweis auf den Schöpfer und sagt:

»... daß der Schöpfer, der Quell jeglicher Weisheit, der ständige Wahrer der Ordnung, der ewige überwesentliche Ursprung der Geometrie und Harmonik, daß, sage ich, dieser himmlische Werkmeister höchstselber die harmonischen Proportionen, die sich aus den ebenen, regulären Figuren ergeben, mit den fünf räumlichen regulären Figuren verbunden hat, um aus den beiden Figurenklassen ein einziges vollkommenstes Urbild des Himmels zu formen. Ein Urbild, in dem einerseits mittels der fünf räumlichen Figuren die Ideen der Sphären zum Ausdruck gelangten, die die sechs Gestirne herumführen, und andererseits mittels der Abkömmlinge der ebenen Figuren, der Harmonien, die Maße der Exzentrizitäten der einzelnen Bahnen zum Zweck einer entsprechenden Regelung der Körperbewegungen enthalten waren. Aus diesen beiden Bestandteilen sollte ein einheitliches, ausgeglichenes System gemacht werden. Es mußten die größeren Proportionen der Bahnen sich zugunsten der kleineren Proportionen der zur Herstellung der Harmonien erforderlichen Exzentrizitäten eine leichte Änderung gefallen lassen, und umgekehrt mußten aus den harmonischen Proportionen in erster Linie jene den Planeten angepaßt werden, die jeweils mit einer räumlichen Figur die größte Verwandtschaft haben, soweit dies mit den Harmonien möglich war.« ([74] S. 317)

Dieses Zitat offenbart Keplers Denkweise; ihr Kern sind die auf das alte, mit kreisförmigen Bahnen im *Mysterium cosmographicum* dargestellte Modell des Sonnensystems bezogenen Worte: »Es mußten die größeren Proportionen der Bahnen sich zugunsten der kleineren Proportionen der *zur Herstellung der Harmonien erforderlichen Exzentrizitäten* eine leichte Änderung gefallen lassen.« (Hervorheb. v. Verf.)

Keplers Meinung ist also, daß Gott ganz bewußt von den idealen kreisförmigen Bahnen abgewichen ist und elliptische Bahnen deshalb geschaffen hat, weil er eine musikalische Harmonie der Planeten erreichen wollte. Daraus folgt für Kepler, daß die musikalischen Harmonien für den Schöpfer wesentlicher sein müssen als die geometrischen, sonst hätte er nicht deren Idealgestalt geopfert. Das bekundet er mit folgenden Worten:

»Daß man da, wo eine Wahl besteht zwischen verschiedenen Dingen, die nicht völlig miteinander verträglich sind, dem den Vorzug geben muß, was den Vorrang hat, und das was von niedrigerem Rang ist, nachgeben läßt, soweit es nötig ist, wird offenbar schon durch das Wort Kosmos, das Schmuck bedeutet, bestätigt. Im gleichen Maß nun aber, in dem das Leben vor dem Körper, die Form vor der Materie den Vorrang hat, hat der harmonische Schmuck vor dem einfachen geometrischen den Vorrang.« ([74] S. 347 f.)

Keplers teleologische Betrachtungsweise befremdet uns vielleicht, da wir daran gewöhnt sind, kausal zu denken und das Kausaldenken für die einzige Methode zu halten. Jedenfalls zeigt uns Kepler, daß diese finale Methode sehr fruchtbar angewendet werden kann, worauf auch unlängst vom Physiker Walter Heitler aufmerksam gemacht wurde, der in seinem Buch *Der Mensch und die naturwissenschaftliche Erkenntnis* verschiedentlich auf Kepler und seine Methode verweist und speziell zu den Planetenharmonien bemerkt ([49 b] S. 10), daß aus dem späteren Gravitationsgesetz Newtons zwar abzuleiten sei, daß die Planetenbahnen Ellipsen sein müßten, doch könne dies nur in allgemeiner Weise gefolgert werden; d. h. es sei nicht abzuleiten, welche konkreten Bahnen aus der unendlichen Vielzahl der theoretisch möglichen die Planeten einzuhalten haben. Das aber hat Kepler mit seiner teleologischen Methode erreicht.

Unsere Interpretation von Keplers harmonikalem Weltbild hat zunächst zur Darstellung seiner finalen Denkmethode geführt, doch enthält dieses Weltbild noch eine Eigentümlichkeit, auf die Kepler selbst hinweist, nämlich die Verankerung der von ihm ermittelten Harmoniegesetze im Menschen. Heute würden wir es für selbstverständlich erachten, daß die von den einzelnen Wissenschaften ermittelten Naturgesetze natürlich vom menschlichen Verstand entdeckt und verarbeitet werden, daß also sozusagen eine Korrespondenz zwischen der Natur und dem Intellekt des Menschen besteht. Kepler erklärt zu den von ihm ermittelten Proportionsgesetzen dagegen:

»Eine geeignete Proportion in den Sinnendingen auffinden heißt, die Ähnlichkeit der Proportion in den Sinnendingen mit einem bestimmten, innen in der Seele vorhandenen Urbild einer echten und wahren Harmonie aufdecken, erfassen und ans Licht bringen.« ([74] S. 206)

Kepler sieht also eine Korrespondenz der kosmischen Intervallproportionen mit der Seele des Menschen, nicht mit dem Verstand, und er ist der Auffassung, daß in der Seele des Menschen diese Proportionen disponiert sind. Nichts anderes kann die Bemerkung vom ›innen in der Seele vorhandenen Urbild‹ meinen. Kepler befindet sich hier natürlich in der Gefolgschaft der Erkenntnislehre Platons, und der lateinische Urtext der Stelle macht dies noch besser deutlich durch die Worte »... verissimae Harmoniae Archetypo, qui intus est in Anima ...« Hier taucht der Begriff Archetypus auf, der damals selbstverständlich die Ideen im Platonischen Sinne meinte, der aber in unserer Zeit in der Jungschen Psychologie eine andere Bedeutung erhalten hat. Wir können dies hier nur anmerken und haben an anderer Stelle einige Konsequenzen aus diesem Sachverhalt gezogen. ([28])

Mit alledem haben wir sozusagen die erste Schicht unserer Interpretation der Keplerschen Weltharmonik freigelegt und dürfen zusammenfassend folgende Punkte als Ergebnis festhalten:

1. Die Weltharmonie besteht aus Musikgesetzen, nämlich Intervallen, die hauptsächlich aus einfachen Proportionen gebildet werden und überwiegend Konsonanzen sind mit deutlicher Bevorzugung von Dur und Moll.

2. Kepler nimmt eine Übereinstimmung dieser Intervalle mit einer psychischen Disposition des Menschen an.

3. Das Analogiedenken spielt eine wesentliche Rolle, insofern Analogien zwischen verschiedenen Bereichen aufgezeigt werden, Analogie zwischen kosmischen und musikalischen Gesetzen festgestellt und Analogie dieser Gesetze auch zur Disposition der menschlichen Seele behauptet wird. Alle diese Analogien werden mit Hilfe einfacher Proportionen gebildet.

4. Das teleologische, finale Denken ist die zweite wesentliche Denkmethode Keplers.

Das harmonikale Weltbild Keplers kann aber seine Funktion nur dann erfüllen, wenn es wirklich in jeder Hinsicht stimmt, und das haben wir bis jetzt nur zum Teil nachweisen können, hinsichtlich der Richtigkeit von Keplers astronomischen Messungen nämlich und seiner damit in Verbindung stehenden Intervallberechnungen. Es könnten jedoch Bedenken angemeldet werden zur Allgemeingültigkeit der von ihm ermittelten Musikgesetze und vor allem auch zu der von ihm angenommenen Disposition dieser Gesetze in der menschlichen Seele. Letzteres ist nur eine Behauptung von ihm, und die Allgemeingültigkeit bestimmter Musikgesetze überhaupt wird ja gerade heute von avantgardistischen Musikern in Frage gestellt, wenn nicht gar verworfen. Es muß sich daher der von uns vollzogenen Feststellung der charakteristischen Merkmale von Keplers harmonikalem Weltbild nunmehr eine Diskussion der von ihm einerseits astronomisch ermittelten und andererseits musiktheoretisch übernommenen musikalischen Grundlagen anschließen.

Wir gehen dabei von musikwissenschaftlichen Forschungen aus, die in Fachkreisen noch nicht allgemein bekannt sind. Wir müssen uns mit einem Referat der wichtigsten Ergebnisse begnügen und auf die vorhandene Literatur verweisen.

Der Ausgangspunkt ist die sogenannte Husmannsche Konsonanztheorie, die 1953 zum ersten Male von Heinrich Husmann ([59]) veröffentlicht wurde. Es handelt sich hier aber nicht um eine Theorie, sondern um das Ergebnis sehr sorgfältiger Experimente und deren mathematische Deutung. Der Kern ist die Entdeckung, daß zufolge der Nichtlinearität des menschlichen Gehörs im Ohr zusätzliche Töne entstehen, zusätzlich zu jenen, die am Trommelfell ankommen; und zwar handelt es sich dabei um zwei verschiedene Arten von Tönen, einmal um Obertöne, d. h., jeder ankommende Ton erhält im Ohr eine zusätzliche Obertonreihe, welche den gleichen Aufbau hat wie die objektiv in der Natur auftretende, so daß diese subjektiven Obertöne (oder Ohrobertöne) die bereits mitgebrachten im wesentlichen nur verstärken. Zweitens aber entstehen im Ohr beim Erklingen von mindestens zwei Tönen, also bei jedem Intervall, sogenannte Kombinationstöne, die dadurch gekennzeichnet sind, daß sich die Frequenzen der gegebenen Töne addieren oder subtrahieren, weshalb man vom Summations- oder Differenztönen spricht. Dieses Phänomen war freilich schon seit der Barockzeit bekannt, doch Husmann wies – abgesehen davon, daß er die subjektiven Obertöne neu entdeckte – nach, daß im Ohr auch Kombinationstöne höherer Ordnung eine bedeutende Rolle spielen, das sind – einfach erläutert – solche, die von den Obertönen der ankommenden Töne gebildet werden. Bei jedem erklingenden Intervall werden daher bis zu 72 Kombinationstöne gebildet ([31] S. 79). Diese mannigfachen Klangerscheinungen bilden sozusagen ein Netz oder, besser noch, ein Sieb. Es bestehen dabei zwei grundsätzliche Möglichkeiten: Entweder fallen die je nach Intervall ja unterschiedlichen Kombinationstöne frequenzmäßig mit irgendwelchen Obertönen der beiden Grundtöne zusammen, verstärken sie also minimal, oder aber sie fallen in die Lücken der Obertonreihen, entstellen diese sozusagen, trüben sie, verändern mithin den naturgegebenen Klang. So weit, stark vereinfacht dargestellt, der sich auf Grund der Anatomie des Ohres ergebende Sachverhalt, der sich experimentell nachweisen läßt.

Die genauere Analyse dieses verwickelten Vorganges im Ohr fördert einige bemerkenswerte Tatsachen ans Tageslicht. Zunächst einmal zeigt sich, daß der Zusammenfall von Ober- und Kombinationstönen nur dann möglich ist, wenn das betreffende Intervall aus einer ganzzahligen Proportion gebildet wird – bei anderen Intervallen fallen sämtliche Kombinationstöne in die Lücken der Obertonspektren. Das heißt, daß die aus Proportionen gebildeten Intervalle dispositionsbedingt bevorzugt werden, weil sie im Endeffekt reiner klingen. Mit anderen Worten: Die seit der Antike die Grundlagen unseres Tonsystems bildenden Intervallproportionen sind weder durch Zufall noch durch Spekulationen entstanden, sondern sie entsprechen genau einer physiologisch erklärbaren Disposition unseres Ohres. Man hat damals zumindest instinktiv richtig gehandelt, und man kann mit diesem Verfahren sogar nachweisen, weshalb bestimmte Töne aus unserem Tonsystem ausgeklammert wurden. ([31] S. 78)

Obschon Proportionsintervalle generell unserem Gehör am angemessensten sind, so besagt dies dennoch nicht, daß dies in gleichem Maße für alle gilt. Es zeigt sich nämlich – und das ist das zweite wichtige Ergebnis –, daß bei jedem Proportionsintervall eine unterschiedliche Anzahl von Kombinationstönen mit Obertönen identisch ist. Wenn man nun die errechenbaren jeweiligen Anzahlen vergleicht, dann ergibt sich eine Reihenfolge, eine Tabelle, in der die Oktave an der Spitze steht, es folgen dann Quinte, Quarte usw., und am Ende der Tabelle stehen die kleine Sekunde und der Tritonus ([31] S. 79). Das heißt, daß diese Reihenfolge genau jener Ordnung entspricht, die von alters her der Unterscheidung von Konsonanzen und Dissonanzen zugrundegelegen hat. Auch der Konsonanz-Dissonanz-Unterschied, eines der wichtigsten Fundamente unserer Musik überhaupt, ist also dispositionsbedingt, beruht faktisch auf der Anzahl der gleichsam als Trübungen in die Obertonspektren fallenden Kombinationstöne.

Das durch Husmann angeregte Verfahren führt noch zu weiteren erstaunlichen Konsequenzen, die hier nicht detailliert beschrieben werden können. Aus der erwähnten Tabelle der Konsonanz-Dissonanz-Reihung läßt sich nämlich ableiten, daß Dur und Moll auf Grund der Gehörsdisposition entstanden sind. Es läßt sich zeigen, daß die Bedingungen für die Aktivierung des geschilderten Tonmechanismus im Ohr gerade zu einer Zeit gegeben waren, der dann alsbald Dur und Moll in den Kompositionen folgten ([36] S. 52 f.). Diese Bedingungen waren die Mehrstimmigkeit und eine entsprechend große Besetzung von Chören und Orchestern; mit diesen Gegebenheiten erst konnten sich die Abläufe in unserem Ohr zu voller Wirksamkeit entfalten. Die dabei zu beobachtende Reihenfolge führt zuerst zu Dur und sekundär zu Moll. Dies mag um 1500 eingetroffen sein, 50 Jahre später werden Dur und Moll dann in die Musiktheorie übernommen und sind daher zu Keplers Zeit feststehende Begriffe, wennschon unter anderen Namen. Kepler war es, der die Bezeichnungen Dur und Moll als erster sinngemäß anwendete. Das Verfahren Husmanns führt außerdem zu einer Erklärung dafür, weshalb wir eine Einteilung der Oktave in zwölf Halbtonschritte haben und andere Unterteilungen sich nie durchsetzen konnten. Auch das läßt sich heute ohne besondere Schwierigkeiten durch die Disposition des Gehörs erklären. ([36] S. 56)

Die Proportionsintervalle, der Konsonanz-Dissonanz-Unterschied, Dur (und Moll) und die Zwölfordnung der Töne lassen sich also aus der Disposition des menschlichen Ohres ableiten. Das besagt nichts anderes, als daß die wichtigsten Grundlagen unserer tradierten Musik auf die Veranlagung des Menschen zurückzuführen sind. Man hat das nie erkannt im Sinne einer wissenschaftlichen Beweisbarkeit, doch haben ganz offensichtlich die Komponisten intuitiv richtig gehandelt und auf Grund ihres sicheren Instinktes ihre Musik für den Menschen geschrieben. Das aber heißt, die traditionelle abendländische Musik ist final orientiert, auf ein Ziel hin geordnet, und dieses Ziel war der Mensch.

Wir haben in gebotener Kürze dargestellt, inwiefern die Disposition des menschlichen Gehörs als Finalursache die Musik der Vergangenheit prägte. Damit scheint zugleich aber auch der Beweis dafür erbracht worden zu sein, daß Kepler nicht recht hatte, wenn er behauptete, die Disposition für die Proportionen sei in der Seele des Menschen zu suchen; denn da handelt es sich ja doch um eine andere Schicht der menschlichen Person.

Kepler hatte dennoch recht – nur ist das hier nicht mehr in ausreichender Weise zu begründen. Es konnte nämlich gezeigt werden ([31]), daß mit der so komplizierten wie zugleich sinnvollen Disposition des menschlichen Gehörs noch nicht alle Phänomene in befriedigender Weise erklärt werden konnten. Bei der näheren Untersuchung der Zusammenhänge wurde klar, daß tatsächlich auch im psychischen Bereich eine ähnliche Disposition angenommen werden muß, so daß sich der gesamte die Musik betreffende Hörvorgang als weitaus komplizierter und vielschichtiger erweist. Diese analog funktionierende psychische Disposition konnte übrigens auch durch Versuche mit Taubstummen nachgewiesen werden ([100]). Zwei Fakten nur sollen aus diesem Bereich genannt werden: einmal eine genaue qualitative Entsprechung zu der Intervalldisposition im Ohr, zum anderen aber eine gewisse Elastizität, die es ermöglicht, Ungenauigkeiten der Intonation zu korrigieren. Mit letzterem konnte eine Entdeckung aus der Barockzeit bestätigt werden, die Leonhard Euler machte, der als erster auf das sogenannte ›Zurechthören‹, eben jene Korrekturmöglichkeit unseres Gehörs, hinwies. ([31] S. 87)

Wir können nunmehr die Ergebnisse unseres musikwissenschaftlichen Exkurses zusammenfassen, um sie alsdann mit den Fakten aus Keplers Weltbild zu vergleichen:

1. Disposition der Proportionsintervalle, des Konsonanz-Dissonanz-Unterschiedes, der Zwölfordnung und der

Tongeschlechter Dur und Moll in der Physiologie des Gehörs.

2. Notwendige Mitbeteiligung einer psychischen Disposition für Intervalle, verbunden mit dem Phänomen des Zurechthörens von Abweichungen (hierunter fällt z. B. auch die Temperierung).

3. Unbewußte Finalität der traditionellen abendländischen Musik bis etwa 1920.

4. Bisher unerwähnt, da eigentlich selbstverständlich: Analogieprinzip als Grundphänomen aller Musik, da von Oktave zu Oktave der Toncharakter identisch wiederkehrt, weshalb Transposition möglich ist.

Wir haben damit ein Bündel von Tatsachen zusammengestellt und ihre wissenschaftliche Begründung angedeutet, die größtenteils aufs engste mit dem harmonikalen Weltbild Keplers zusammenhängen. Keplers Weltharmonie besteht aus Proportionsintervallen, wie sie der Disposition des menschlichen Gehörs entsprechen. Es treten dabei überwiegend Konsonanzen auf mit deutlicher Tendenz zu Dur und Moll, und auch das entspricht der Gehörsdisposition, wo gerade diese Intervalle durch besonderen Reinheitsgrad ausgezeichnet sind. Keplers Vermutung einer Disponiertheit der Seele für Intervalle ist durch neuere Forschungen ebenfalls bewiesen. Das für Kepler so charakteristische Analogiedenken entspricht einem Grundphänomen der Musik überhaupt, nämlich der Oktavwiederkehr und dem darauf beruhenden Phänomen der Transponierbarkeit, das von Kepler über den Hörbereich hinaus erweitert wird. Keplers finale Denkweise schließlich entspricht der finalen Orientiertheit der gesamten tradierten Musik.

Damit ist eine entscheidende Feststellung gemacht – nämlich, daß Keplers harmonikales Weltbild auf beweisbaren Grundlagen beruht, womit nicht nur die rechnerische Richtigkeit gemeint ist, sondern vor allem die Entsprechung zu erkenntnistheoretischen Kategorien, die im Gehör des Menschen verwurzelt sind. So wie das naturwissenschaftliche Denken mit der Dominanz von Quantität und Kausalität zu Verstandesoperationen des Menschen in Analogiebeziehung steht, so bildet das harmonikale Weltbild eine umfassende Analogie zu den Kategorien des Gehörs und der Musik. Das heißt nichts anderes, als daß hier der Gehörssinn in die Naturerkenntnis einbezogen wird und daß mit seiner Hilfe neuartige Zusammenhänge erfaßt werden. Das heißt ferner, daß in dieser Art von Erkenntnis nicht nur der Verstand des Menschen beteiligt ist, sondern auch psychische Empfindungen; denn die Intervalle werden von uns ja psychisch erlebt. Das heißt schließlich, daß wir auch ästhetische Gesetze im Kosmos feststellen und als integrierte Bestandteile seiner Struktur erkennen müssen.

Dieses von Kepler dargebotene harmonikale Weltbild ist also ebenso gut begründet wie das naturwissenschaftliche und vermag daher das letztere in hervorragender Weise zu ergänzen. Es hat nur die eine Schwierigkeit, daß uns die Zusammenhänge, um die es geht, viel zu wenig bekannt sind – erstens deshalb, weil die erforderlichen Beweise zum Teil erst in jüngster Zeit erbracht wurden, zum anderen aber aus einem noch unerwähnten Grund: Alle angeführten Dispositionen unseres Gehörs sind uns völlig unbewußt. Wir können von Kindheit an singen und ein Instrument spielen, ohne daß uns auch nur das mindeste von jenen komplizierten Vorgängen im Ohr bekannt wird. Es bedarf bei dieser harmonikalen Erkenntnis daher immer einer zusätzlichen Bewußtmachung der wissenschaftlichen Hintergründe, während die mathematische Basis des naturwissenschaftlichen Weltbildes im hellen Bewußtsein des Verstandes verankert ist.

Diese beträchtliche Schwierigkeit des unbewußten Ablaufens der Gehörvorgänge dürfte auch der Hauptgrund dafür gewesen sein, daß das harmonikale Weltbild immer nur fragmentarisch bekannt war und weit mehr auf Glauben als auf Wissen beruhte. Erst Johannes Kepler war es, der es mit wissenschaftlichen Mitteln wenigstens teilweise rekonstruierte. Die Erwähnung einer historischen Überlieferung dieses Weltbildes jedoch veranlaßt uns dazu, die Würdigung von Keplers Weltharmonik noch kurz in den ihr zukommenden historischen Rahmen zu stellen.

Die Quellen dieses harmonikalen Weltbildes sind leider verschüttet, und es bedarf daher mühsamer philologischer und linguistischer Forschungsarbeit ([78], [79], [80]), um wenigstens einen Teil des überhaupt Erreichbaren zutage zu fördern. Eine zusätzliche Schwierigkeit besteht darin, daß die harmonikalen Grundlagen in der klassischen Philologie bisher nicht als ein selbständiger Wissensbereich erkannt wurden und daß man dort, wo die Proportionenlehre in der Antike auftritt, diese als Bestandteil mathematisch-wissenschaftlicher Betrachtungsweise interpretiert. Immerhin ist klar, daß in unserem Kulturbereich die Wurzeln des Gedankens der Weltharmonie im Pythagoreismus liegen, also im 6. vorchristlichen Jahrhundert. Pythagoras gilt als Urheber dieses Gedankens, obwohl er nichts Schriftliches hinterließ und die Frage bisher unbeantwortet ist, ob er seine Erkenntnisse etwa aus Ägypten oder Babylonien empfangen haben könnte. Fest steht, daß der pythagoreische Bund, den er in Kroton gründete, ein Geheimbund im Sinne der damaligen Mysterienreligionen war, so daß keine wesentlichen Lehren an die Öffentlichkeit gelangen konnten. Sicher ist, daß Grundlage des Pythagoreismus eine hochentwickelte Zahlenlehre war, sicher auch, daß die musikalische Proportionenlehre bekannt war, deren Erfindung Pythagoras ebenso wie die des Monochords zugeschrieben wurde – übrigens mit einer akustisch unhaltbaren Legende, die bis in die Zeit des Spätbarock unzählige Male abgeschrieben wurde ([60] S. 121 ff.; [102] S. 79 ff.). Der Gedanke einer Weltharmonie könnte vielleicht auch außerhalb der pythagoreischen Tradition existiert haben, bei Heraklit beispielsweise, in dessen dunklen Fragmenten erstmalig die Mitteilung von einer *harmonia aphanès*, einer verborgenen Harmonie, vorkommt – eine Bemerkung, die für uns deshalb besonders interessant ist, weil der antike Harmoniebegriff ursprünglich soviel wie Tonleiter oder Oktave besagt ([58] S. 143), so daß hier eine direkte Anspielung auf die harmonikale Weltharmonie vorliegen könnte.

Ohne hier auf weitere Einzelheiten aus dieser frühesten und zugleich unzugänglichsten Phase des harmonikalen Weltbildes eingehen zu können, müssen wir als wichtigste Stufe Platons Lehre nennen, deren pythagoreische Beeinflussung bekannt ist. In Platons Dialogen gibt es vier Geheimtexte, die sich ganz oder teilweise mit harmonikalen Lehren befassen und auch inhaltlich sehr aufschlußreich sind. Übergehen können wir die Stelle von der sogenannten ›Hochzeitszahl‹ im *Staat* ([89] Bd. 2, S. 292 ff. / 546 A ff.) und eine in merkwürdiger Form auf das griechische Tonsystem Bezug nehmende in der *Epinomis* ([89] Bd. 3, S. 691 ff. / 991 A ff.), dagegen ist für uns wichtig die Stelle von der Erschaffung der Weltseele im *Timaios* ([89] Bd. 3, S. 113 ff. / 35 A ff.); denn dort stellt Platon mit kunstvoller Verschlüsselung der Fakten die Seele der Welt als eine Tonleiter dar bzw. als ein ganzes Tonsystem, wie manche Interpreten meinen ([47]), dessen Kern die dorische Tonleiter, also die Zentraltonleiter der Griechen bildet. Platon ist also der Auffassung, daß die Seele der Welt Musikgesetze seien – und wir bemerken schon hier, wie nahe Kepler dieser Auffassung steht. Die vierte Textstelle Platons ist die von der »Spindel der Notwendigkeit« im *Staat* ([89] Bd. 2, S. 400 ff. / 616 B ff.), der schwierigste der erwähnten Geheimtexte, der bis heute nur teilweise entziffert werden konnte ([93], der jedoch als Kern die berühmte Lehre von den Sphärenharmonien enthält, die erst bei Aristoteles als solche ausgesprochen (und kritisiert) wird. ([3] S. 86 ff. / II 9, 290^b 12 ff.)

Diese Mitteilungen können nur als Beispiele für die Art der Tradierung und deren Schwierigkeiten gewertet werden – ein vollständiges Bild ergeben sie nicht, und ein solches ist tatsächlich in der Antike auch nicht nachweisbar. Leider werden vorwiegend Legenden und wissenschaftlich zweifelhafte Nachrichten überliefert. Erst in neuerer Zeit hat sich unser Wissen um das harmonikale Weltbild der Antike verdichtet, und das ist zwei Außenseitern der Wissenschaft zu verdanken, Albert von Thimus (1806–1878; vgl. [99]) und Hans Kayser (1891–1964 vgl. [63] bis [69]), der dessen nahezu unbekannt gebliebene Forschungen aufgriff und beträchtlich erweiterte. Wir können daher heute auf eine ganze Reihe höchst interessanter harmonikaler Theoreme die sich vor allem in spätantiken Schriften verborgen gehalten hatten. ([35])

Die Weitergabe der Lehre von der Weltharmonie erfolgte in einer Weise, daß heutigen Historikern kaum in den Sinn kommt, es könne sich dabei um etwas wirklich Bedeutungsvolles handeln. Die Legenden überwuchern alle ernsten Nachrichten, wobei Platons Weltseelen-Tonleiter eine Ausnahme bildet; denn obwohl dessen Dialoge im Original erst in der Renaissancezeit wieder bekannt wurden, kannte doch das ganze Mittelalter den Kommentar und die Übersetzung des Chalcidius ([90]) von Teilen des *Timaios* und daher auch die Stelle von der Weltseele, weshalb es geschehen konnte, daß in der Schule von Chartres diese Weltseele mit ihren Proportionsgesetzen mit dem Heiligen Geist identifiziert wurde ([96] S. 47). Die Proportionenlehre freilich blieb als Grundlage der Musik erhalten, was vor allem Boethius zu verdanken ist, dazu das Monochord, und auch in der Architektur wußte man um die Proportionen als ästhetische Grundgesetze ([35] S. 43 ff.). Bei einzelnen Denkern kommen auch typisch pythagoreische Gedanken in den Vordergrund, bei Augustinus etwa und bei Nikolaus von Kues, doch von einer geschlossenen Tradition oder gar von Beweisen solcher Auffassungen ist keine Rede.

Das ändert sich am Beginn der Neuzeit, als die Humanisten die alten Quellen neu erschlossen und ihr Gelehrtenfleiß auch mehr und mehr Mitteilungen über die Pythagoreer, über den Gedanken der Weltharmonie, über die Proportionen usw. ans Licht brachte. Wir sind über den

Weg der einzelnen Fakten noch immer nicht genau im Bilde, doch scheint der Gedanke einer umfassenden Weltharmonie mit Musikgesetzen am Ende der Renaissancezeit, auf der Schwelle zum Barock also, geradezu Allgemeingut geworden zu sein. Jedenfalls tritt er bei einer Reihe bedeutender Denker auf.

Bei Paracelsus (1493–1541) ist eine derartige kosmische Zusammenschau vorhanden; er bezeichnet das Irdische als eine Ausgeburt des Himmels und sieht Analogien zwischen beiden Bereichen, so daß man von der Beschaffenheit des Irdischen Rückschlüsse auf das Überirdische ziehen kann – das jedenfalls besagt seine Lehre von der Signatur. Solche Auffassungen stehen aber bei Paracelsus neben magischen, kabbalistischen, spekulativen, rätselhaften Gedanken, und von einer wissenschaftlichen Behandlung der Probleme kann keine Rede sein. Wir wollen den bei ihm vorkommenden Ausdruck *Pansophia* als Kennzeichen für diese Art der Weltschau benutzen und ihn verallgemeinert anwenden.

Als dem Paracelsus recht wesensverwandt ist Robert Fludd (1574–1637) zu nennen, einer der bekanntesten Rosenkreuzer der damaligen Zeit, der sich Kepler schon beträchtlich nähert, indem er lehrt, daß die Widersprüche in der Welt durch mathematisch-akustische Proportionen vereinigt werden. Ganz ähnlich auch Marin Mersenne (1588–1648), der in seiner *Harmonie universelle* ([85]) alles das als Harmonie bezeichnet, was eine in Proportionen ausdrückbare Ordnung hat, der die Pythagoreer oft erwähnt und von dem Aussprüche über die Weltharmonie stammen, die Kepler formuliert haben könnte. Schließlich sei noch Athanasius Kircher erwähnt (1601–1680), für den die Proportionen gleichsam die Seele des Weltalls sind und der in seiner *Musurgia universalis* ([76]) viele ausgesprochen pythagoreische Gedanken vertritt, die auch bei Kepler vorkommen.

Wir sehen, daß in diesem Bereich der *Pansophia* der Gedanke einer Weltharmonie mittels Intervallproportionen vollauf lebendig ist, daß er ernst genommen wird und geradezu im Mittelpunkt steht. Man zweifelt überhaupt nicht an der Realität dieser Zusammenhänge – aber man beweist sie auch nicht. So ist es kein Wunder, daß Kepler selbst sich von diesem auch für uns so sonderbaren pansophischen Gedankengemisch distanziert und allein dadurch schon deutlich macht, daß er andere Wege gehen will. Es gibt eine ganze Reihe von diesbezüglichen Bemerkungen bei ihm, beispielsweise wenn er die Symbolik nur als ein Spiel bezeichnet; »denn durch Symbole kann man nichts beweisen; es wird in der Naturphilosophie durch geometrische Symbole nichts Verborgenes enthüllt, es werden nur schon vorher bekannte Dinge zusammengefügt, falls nicht mit sicheren Gründen bewiesen wird, daß es sich nicht nur um Symbole handelt, sondern um eine Darstellung von Art und Ursache der Verbindung beider Gebiete.«[9]

Über den Humanisten Joachim Camerarius, dessen Meinung über die pythagoreische Tetraktys (vgl. [10]) er im 3. Buch seiner *Weltharmonik* ([74] S. 90 ff.) ausführlichst zitiert, sagt er treffend: »... wenn er nicht durch allzuvieles Lesen der alten Schriftsteller irre geworden ist« ([74] ebd). Keplers kritische Einstellung zur Gedankenwelt der *Pansophia* geht besonders deutlich jedoch aus seiner Polemik gegen Fludd hervor, die er im Anhang zum 5. Buch der *Weltharmonik* breiter ausführt:

»Man kann auch sehen, daß er seine Hauptfreude an unverständlichen Rätselbildern von der Wirklichkeit hat, während ich darauf ausgehe, gerade die in Dunkel gehüllten Tatsachen der Natur ins helle Licht der Erkenntnis zu rücken. Jenes ist Sache der Chymiker, Hermetiker und Parazelisten, dieses dagegen Aufgabe der Mathematiker.« ([74] S. 362)

Obwohl Kepler aus den gleichen Quellen geschöpft hat wie seine der *Pansophia* zuzuordnenden Zeitgenossen, unterscheidet er sich selber scharf von ihnen, da allein er mit

[9] Brief an J. Tanck vom 12. Mai 1608 (zit nach [87] S. 557).

wissenschaftlichen Mitteln an das Problem der Weltharmonie herangeht und auf heuristische Weise diese selbstgestellte Aufgabe löst. Um so tragischer und kurzsichtiger ist es, daß die Nachwelt Kepler dennoch mit Vertretern der *Pansophia* in einen Topf geworfen hat und ihn dafür obendrein auch noch verunglimpfte. Kepler gehört nicht in dieses Kapitel unserer Geistesgeschichte, sondern weitaus mehr in das sich anschließende, das wir stark vereinfachend mit der Bezeichnung *Mathesis universalis* überschreiben könnten.

Wir meinen damit die mit dem Rationalismus der Aufklärung aufkommende mathematisch-naturwissenschaftliche Denkweise. Diese Denkweise verbindet sich vor allem mit dem Namen René Descartes (1596–1650), doch hebt sie u. a. schon bei Mersenne an, und auch Philosophen wie Baruch Spinoza sind ihr zuzurechnen wegen ihres Philosopierens *more geometrico*. Mersenne ist für unseren Zusammenhang besonders symptomatisch, nicht so sehr, weil er die Obertonreihe entdeckte, sondern wegen seiner Monochordexperimente, wie sie ja auch Kepler machte. Aber Mersenne begnügte sich nicht mit der Darstellung der Intervallproportionen, um sie dann wie Kepler final zu verwenden, sondern er führte seine Untersuchungen unter veränderten Bedingungen durch, wechselte das Material der Saiten, veränderte die Spannung, experimentierte bei unterschiedlichen Temperaturen und bestimmte die verschiedenen Parameter, von denen das Endergebnis abhängig ist ([5] Bd. 2, S. 197). Mersenne denkt kausal, er sucht die Wirkursachen genau zu bestimmen und liefert damit eine weitere Komponente für die aufkommende naturwissenschaftliche Methode. Die Mathematik, das Kausaldenken, die funktionalistische Betrachtungsweise – das alles sind Begriffe, die typisch für jene *Mathesis universalis* sind und die von da ab das naturwissenschaftliche Weltbild bestimmen.

Aber auch Kepler war Mathematiker, auch er gehört in diese Zeit der aufkommenden Naturwissenschaften, und seine Forschungsergebnisse zeugen davon. Auch ihm ist jene Klarheit der mathematischen Naturbetrachtung eigen, und seine Arbeitsweise ist auch dort, wo er andere Methoden verwendet, eine der Exaktheit der Naturwissenschaft durchaus adäquate. Die Nachwelt hat ihn ohne Bedenken in die Geschichte der neuzeitlichen Naturwissenschaft eingereiht, und wir brauchen daher nicht zu zögern, ihn tatsächlich jener Phase der Geistesgeschichte zuzuordnen, die wir stark vereinfacht *Mathesis universalis* nannten.

Keplers *Weltharmonik* ist also eigentlich eine Synthese zweier verschiedener geistiger Strömungen. Sie beruht quellenmäßig auf den Entdeckungen der Humanisten und damit der Antike, enthält inhaltlich Gedanken dessen, was wir als *Pansophia* bezeichneten, und teilt mit dieser geistigen Strömung auch die umfassende, geradezu ganzheitliche Betrachtungsweise der Welt. Methodisch aber gehört die *Weltharmonik* bereits der *Mathesis universalis* zu, hat deren Unbestechlichkeit wissenschaftlicher Darstellung, ohne jedoch die für die Folgezeit so bezeichnende Verengung des Blickes auf das rein Quantitative zu übernehmen. Man kann daher zusammenfassend sagen:

Kepler stellte in seiner *Weltharmonik* mit Mitteln der *Mathesis universalis* das dar, was die *Pansophia* meinte!

Bevor wir uns aus diesen historischen Betrachtungen zur Gegenwart wenden, sei noch einmal zusammengestellt, welche Merkmale Keplers harmonikale Weltharmonie hat. Sie beruht auf einer jahrtausendealten, jedoch nur fragmentarisch überlieferten Tradition, durch die sie angeregt wurde, die sie jedoch nicht im eigentlichen Sinne beweist, sondern die sie vielmehr mit neuartigen, naturwissenschaftlichen Mitteln in eigenständiger Weise völlig neu darstellt. Diese Neukonzeption einer Weltharmonie ist wissenschaftlich bewiesen, doch beruht sie nur zum Teil auf naturwissenschaftlichen Methoden, da die morphologische Betrachtungsweise und das teleologische Denken wesentliche Bestandteile sind. Außerdem aber ist Keplers

Weltharmonie erkenntnismäßig nicht allein im Verstand des Menschen verwurzelt, sondern zusätzlich in der psychischen Empfindung, wobei das Ohr entscheidend in die Naturerkenntnis einbezogen wird und engste Beziehungen zu den Grundlagen des Gehörs und der Musik als Charakteristiken auftreten. Keplers *Weltharmonik* liefert uns ein Weltbild, das das naturwissenschaftliche in mehrfacher Hinsicht zu ergänzen vermag, und es ist für das prinzipielle Verständnis dieser Andersartigkeit des harmonikalen Weltbildes wichtig, daß sich die erwähnte Ergänzung der naturwissenschaftlichen Betrachtungsweise auf eine sehr einfache Formel bringen läßt. Hans Kayser hat den Begriff ›Tonzahl‹ dafür eingeführt und meint damit folgendes. Wie bekannt, läßt sich, am besten an einem Monochord, leicht darstellen, daß Zahlengesetze und Tongesetze wesenhaft zusammenhängen. Es ergibt sich:

1 : 2 = Oktave
2 : 3 = Quinte
3 : 4 = Quarte
usw.

Das heißt: Zahlen und Töne, Proportionen und Intervalle gehören untrennbar zusammen; oder verallgemeinert: Quantitäten und Qualitäten, mathematische Verstandesoperationen und seelische Empfindungen sind von Natur aus untrennbar verbunden. Dieses Phänomen ist längst bekannt; denn auf ihm beruht die Möglichkeit naturwissenschaftlicher Betrachtungsweise schlechthin. Die Naturwissenschaften könnten die Fülle der qualitativen Sinneseindrücke gar nicht auf Meßbares, Zählbares und Wägbares zurückführen, wäre diese Relation nicht vorhanden. Da aber Quantitäten und Qualitäten in der geschilderten Weise untrennbar zusammenhängen, muß dieser naturwissenschaftliche Ansatz auch umkehrbar sein! Und das ist der Sinn dessen, was Kayser als ›Tonzahl‹ bezeichnet: daß nämlich Zahlen psychisch erlebbar sind. Diese Tonzahlen sind also ambivalent, sie sind einerseits

Quantitäten, aber eben nicht ausschließlich, da sie andererseits als Intervalle qualitativ, psychisch erlebt werden können. Alles weitere, was wir an Merkmalen der harmonikalen Betrachtungsweise aufzählten, hängt eng mit diesem Tonzahlphänomen zusammen, ja es gibt sogar Tonzahlen höherer Ordnung ([36]), doch kann darüber in diesem Zusammenhang nicht weiter gesprochen werden.

Wir sagten mehrmals, das harmonikale Weltbild sei eine Ergänzung des naturwissenschaftlichen, eine komplementäre Ergänzung sozusagen, wie wir jetzt unter Hinweis auf die ambivalenten Tonzahlen hinzufügen können. Doch da liegen auch zwei Einwände auf der Hand. Der eine betrifft den Ambitus dieses sogenannten harmonikalen Weltbildes; denn bewiesen wurde durch Kepler ja lediglich das Vorkommen harmonikaler Gesetze in der Astronomie – das allein wäre aber eigentlich noch kein Weltbild, das man dem weitaus umfassenderen naturwissenschaftlichen gegenüberstellen könnte. Der zweite Einwand aber betrifft die Ambivalenz der Tonzahlen. Die Möglichkeit, Zahlenverhältnisse psychisch zu erleben, wird zwar sicherlich von keinem Naturwissenschaftler ernstlich bestritten werden können, doch wird man diesen Tatbestand weniger grundsätzlich bewerten. Man wird vielmehr dazu neigen, diese psychische Erlebbarkeit mehr akzidentiell zu deuten; diese qualitative Seite der Tonzahlen könnte etwas Beiläufiges sein. Diese Randfrage hängt sehr eng mit dem ersten Einwand zusammen, daß es sich eben nur um astronomische Gesetze handelt und daher eine Verallgemeinerung unwissenschaftlich zu sein scheint. Dieses Argument spräche in der Tat dafür, der psychischen Erlebbarkeit der Proportionen keinen so hohen Rang einzuräumen. Es läßt sich jedoch zeigen, daß das Vorkommen von Intervallproportionen in der Natur keineswegs auf die Astronomie beschränkt ist, und wenn dies der Fall ist, dann muß sich damit auch die Einstellung zum Phänomen der Tonzahl ändern. Zu diesem Zweck müssen wir nunmehr auf einige neuere wissenschaftliche Erkenntnisse hinweisen.

Es geht in der folgenden Aufzählung um die Nennung von Vorkommnissen von Intervallproportionen in den verschiedensten Gebieten, wobei wir uns selbstverständlich auf bloße Erwähnungen beschränken müssen; die dazugehörigen Beweise müssen der vorhandenen Literatur entnommen werden. Am bekanntesten dürfte der Zusammenhang des Aufbaues der Kristalle mit Musikgesetzen sein, auf die der Kristallograph Victor Goldschmidt (vgl. [8] S. 455) in einer beträchtlichen Anzahl von Publikationen ([18] bis [22]) immer wieder hinwies. Das ist heute durchaus bekannt, weshalb auch in der modernen Kristallographie auf die harmonikale Forschung eingegangen wird ([2]). Eine Fülle von Proportionsgesetzen läßt sich auf diesem Gebiet mit den verschiedensten Methoden nachweisen. In der Chemie ist u. a. festgestellt worden, daß das Gesetz der multiplen Proportionen harmonikale Ergebnisse liefert; man hat zahllose chemische Verbindungen untersucht und ermittelt, daß die auftretenden Proportionen ausnahmslos musikalische Konsonanzen sind ([106]). Daß in der Akustik ein wesentliches Fundament die Obertonreihe ist, also ein Naturgesetz aus Intervallproportionen, versteht sich in diesem Zusammenhang von selbst. Die Biologie kann mit einer ganzen Reihe von harmonikalen Beiträgen aufwarten. So kommen bei den Blattstellungsgesetzen fast ausnahmslos einfache Intervalle vor ([64] S. 141 ff.), bei der Teilung von Algen sind Zahlengesetze festgestellt worden, die den Durdreiklang beinhalten ([86]), die Mendelschen Gesetze erweisen sich als identisch mit einfachsten Intervallen ([30]). Der Vogelgesang stimmt weitgehend mit der menschlichen Musik überein, so daß auf eine identische Disposition bei den Vögeln geschlossen werden muß, zumal feststeht, daß die Vögel keineswegs menschliche Musik bloß nachahmen, obwohl sie auch dazu in der Lage sind ([88]). Speziell in der Anthropologie, und zwar in Verbindung mit medizinischen Forschungen, zeigen sich wesentliche Intervallgesetze, allein schon im äußeren Aufbau der menschlichen Gestalt, die seit der Antike wiederholt als aus aliquoten Brüchen bestehend interpretiert wurde. Äußerst aufschlußreich sind vor allem die verschiedenen Untersuchungen von Gunther Hildebrandt ([53] bis [57]) über die rhythmische Ordnung im menschlichen Körper, wobei im langwelligen Bereich eine nahezu absolute Koordinierung in einfachsten Zahlenverhältnissen nachgewiesen wurde, aber auch bei Messung der Durchblutung, des Atems, des Pulses, des Blutdruckes usw. stets Intervallproportionen festzustellen waren. Hildebrandt weist daher in seiner Habilitationsschrift ([54] und auch anderweitig) ausdrücklich auf die Harmonik hin. Die von uns bereits geschilderte differenzierte Gehörsdisposition gehört ebenfalls in den Bereich der Anthropologie, wobei wir nochmals ausdrücklich auf die Bildung von Obertonreihen im Ohr hinweisen wollen.

Diese nur die wichtigsten Ergebnisse enthaltende Aufstellung muß hier genügen. Hinzugefügt werden muß aber noch, daß es sich so gut wie immer nicht um irgendwelche beliebigen Proportionen handelt, sondern um solche, die auch eine charakteristische musikalische Grundbedeutung haben; wir erwähnten die Obertonreihe, den Durdreiklang, Konsonanzen. Gerade diese sich als Zusammenfassung ergebenden Tatsachen machen es unmöglich, diese Befunde nur als Auch-Effekte deklassieren zu wollen, ja wir müssen sagen: Es hieße ganz und gar unwissenschaftlich handeln, wollte man diese so auffälligen Übereinstimmungen übersehen oder bagatellisieren.

Wir haben nachzutragen, daß die moderne Harmonik nicht nur darauf beruht, die in den verschiedenen Wissenschaften zutage tretenden Musikgesetze auszuwerten, sondern daß inzwischen auch der harmonikale Pythagoreismus der Antike weiter erhellt werden konnte. Genannt werden müssen verschiedene neuere Arbeiten über die pythagoreische Tetraktys ([31] S. 60; [95]) sowie die harmonikale Entschlüsselung eines mittelalterlichen Bauhüttenkanons durch Hans Kayser ([65]) und dessen Identifikation mit dem antiken Helikon. Von größter Bedeutung ist ferner der mathematische Beweis, daß die verschiedenen und getrennt oder gar nur fragmentarisch überlieferten pythagoreischen Theoreme und Tafeln, wie Einmaleinstabelle, Tetraktys, Helikon, Figuralzahlen, strukturell identisch sind bzw. durch einfache Transformationen ineinander umgewandelt werden können ([61]). Am erstaunlichsten ist vielleicht die Entdeckung einer Tafel von höchst kompliziertem Aufbau, mit dessen Hilfe die Deutung einer bisher rätselhaften Tafel auf einer Pythagoras-Darstellung aus dem 2. nachchristlichen Jahrhundert ermöglicht wurde ([39]). Alle diese Forschungen gehören zusammen und stammen überwiegend aus den letzten Jahrzehnten.

Fassen wir die Ergebnisse zusammen, so zeigt sich, daß Musikgesetze in der Form von Intervallproportionen auf den verschiedensten Gebieten eine Rolle spielen, und zwar keineswegs nur eine untergeordnete, sondern sie kommen an exponierten Stellen vor und sind weitgehend identisch. Sie sind sogar identisch mit antiken Überlieferungen, wobei gemeinsame Strukturen von Art der Obertonreihe, deren Zahlengesetz man in der Antike kannte, eine große Rolle spielen, weshalb man von einem ›harmonikalen Strukturalismus‹ ([32]) sprechen kann. Angesichts solcher Befunde aber kann nicht mehr nur von einem Auch-Effekt die Rede sein, weder bezüglich der in der Natur vorzufindenden Proportionen noch im Hinblick auf die ambivalente Bedeutung der Tonzahlen.

Die Fülle der nachweisbaren Musikgesetze in der Welt läßt den Gedanken aufkommen, die genannte Ambivalenz der Tonzahlen ernstlich zu einer völlig entgegengesetzten Perspektive auszubauen. Das hat bereits vor 20 Jahren Walter Harburger in einem Aufsatz über Kepler ausgesprochen, in dem er sagt:

»Wenn wir die musikalischen Grundelemente, die konsonanten wie die dissonanten Intervalle, mathematisch oder physikalisch bestimmt vorfinden, so ist deshalb nicht so sehr die Musik mathematisch oder physikalisch bedingt, sondern vielmehr die Mathematik oder Physik ist auch von Musik durchsetzt.« ([48] S. 76–79)

Diese Konsequenz drängt sich heute, nach einer Vielzahl einschlägiger Entdeckungen in den letzten beiden Jahrzehnten, noch viel mehr auf, und wenn man das Ganze überblickt, kommt die immer stärker werdende Vermutung auf, daß diese verbindenden Harmoniegesetze aus Tonzahlen den eigentlichen Aufbau der Welt bilden und daß die naturwissenschaftliche Betrachtungsweise kraft der ihnen eigenen Ambivalenz ein Auch-Effekt dieser Weltharmonie sein könnte!

Diese Folgerung soll keine Provokation sein, sie ist derzeit nicht beweisbar und lediglich eine Hypothese. So absurd auch dies dem einen oder anderen erscheinen möchte, eines steht fest: Ganz ähnlich dachte Johannes Kepler, zu dem wir nun über einen großen Umweg wieder zurückfinden. Denn nichts anderes besagen doch seine schon vorgebrachten Äußerungen, z. B. wenn er das 5. Buch der *Weltharmonik* mit den Worten überschreibt: »Die vollkommenste Harmonie in den himmlischen Bewegungen und die daher rührende Entstehung der Exzentrizitäten, Bahnhalbmesser und Umlaufzeiten« ([74] S. 277) und wenn er dem 9. Kapitel darin die Überschrift gibt: »Daß die Exzentrizitäten bei den einzelnen Planeten ihren Ursprung in der Vorsorge für die Harmonien zwischen ihren Bewegungen haben« ([74] S. 316). Die naturwissenschaftlichen Fakten, und sogar so wesentliche wie sein drittes Planetengesetz sind für ihn Mittel zum Zweck für die Weltharmonie. Im 9. Kapitel führt er dies noch detaillierter aus, indem er eindeutig den musikalischen Harmoniegesetzen den Vorrang vor den mathematischen gibt.

Wir dürfen mit nicht geringer Überzeugung auch annehmen, daß die gleiche Denkweise ebenfalls für den antiken Pythagoreismus zutreffend war; denn dessen rein mathematisch-akustische Leistungen wurden überliefert, da man sie offenbar nicht besonders streng geheim hielt. Die harmonikalen Hintergründe jedoch müssen wir mühsam rekonstruieren; denn sie wurden viel sorgsamer gehütet und müssen daher wichtiger gewesen sein. Kein Zufall ist es daher auch, daß Platons Geheimtexte harmonikalen Inhalt haben, während er über naturwissenschaftlich-mathematische Dinge, wie z. B. über seine Elementenlehre und die damit verbundenen Platonischen Körper, offen redet.

Die naturwissenschaftliche und die harmonikale Erforschung und Deutung der Welt hängen jedenfalls eng miteinander zusammen, stellen sozusagen unterschiedliche Perspektiven aus qualitativer oder quantitativer Sicht dar, die in den sogenannten Tonzahlen miteinander verbunden sind. Beide Denkrichtungen bekämpfen sich nicht, sondern sie ergänzen sich lediglich. Beide stammen aus dem antiken Pythagoreismus, wo jedoch der harmonikale Aspekt den Vorrang gehabt zu haben scheint, und beide wurden sie von Johannes Kepler in seiner *Weltharmonik* erneut und mit bewundernswerter Klarheit zur Synthese gebracht, wobei ebenfalls die harmonikale Perspektive bevorzugt wurde. Seither aber herrscht der quantitative Aspekt vor, und der Gedanke einer Harmonie der Welt scheint ferner denn je.

Sie kann aber auch für uns wiederkommen; denn es bedarf nur einer anderen, eben der harmonikalen Perspektive, und diese ist jederzeit wiederzugewinnen. Johannes Kepler suchte und fand die Weltharmonie und wurde dabei zu einem Bahnbrecher der Naturwissenschaften – wir Heutigen sollten mit einem Blick auf seine *Weltharmonik* die großen Erfolge der Naturwissenschaften in seinem Sinn deuten lernen und dadurch zur Harmonie der Welt zurückfinden.

Keplers zweifache Weltharmonik

Nachdem 1971 der 400. Geburtstag von Johannes Kepler in aller Welt mit Symposien, Vorträgen und Publikationen gebührend gewürdigt worden war, stellte man von kompetenter Seite fest, daß dies alles eigentlich eine regelrechte Kepler-Renaissance gewesen sei. In der Tat wurde eine Fülle neuer wissenschaftlicher Erkenntnisse ausgebreitet, wurde ein zum Teil verzeichnetes Keplerbild in neues Licht gerückt, und an dieser Neubelebung war auch der Verfasser der vorliegenden Arbeit mit Rede und Schrift beteiligt (vgl. [83] S. 1006). Uns ging es dabei um eines der wissenschaftlichsten Anliegen des großen Astronomen und Mathematikers, nämlich um seine Konzeption einer Weltharmonie, die gegen Ende seines Lebens 1619 in den *Harmonices mundi libri V* ihre Krönung fand, in jener *Weltharmonik*, wie Max Caspar den Titel treffend übersetzte. ([74])

Daß diese aus dem Bemühen um den Beweis der legendären antiken Weltharmonie der Pythagoreer entstandene großartige wissenschaftliche Leistung tatsächlich für Kepler die wichtigste Lebensaufgabe war, blieb jedoch bis in unser Jahrhundert verborgen, da Verunglimpfungen und Mißverständnisse sein umfangreiches Lebenswerk verzerrt hatten und insbesondere der Siegeszug der naturwissenschaftlichen Denkweise eine objektive Beschäftigung mit Keplers Anliegen verhinderte. Es gibt jedoch eine Fülle von persönlichen Mitteilungen Keplers, die ganz eindeutig den wahren Sachverhalt klarstellen, und diesen wiederzugeben war ein Teil unserer Bemühungen. Das alles muß hier nicht wiederholt werden, da die entsprechenden Publikationen vorliegen[10], ebenso bleiben verschiedene andere Beiträge unberücksichtigt, die der weiteren Aufklärung von Keplers Weltharmonik dienten.[11]

1. Weltharmonik

Näher eingehen wollen wir jedoch auf das zentrale Problem von Keplers Werk, freilich auch nur in gedrängter Form, da eine umfangreiche Darstellung bereits vorliegt ([41]). Der Schwerpunkt der fünf Bücher über die Weltharmonik liegt im letzten Buch, das der Astronomie gewidmet ist, nachdem in den vorhergehenden vier Büchern Mathematik, Musiktheorie und Astrologie behandelt worden waren, um sozusagen Material für den eigentlichen Beweis zuzuliefern. Dieser Beweis erfolgt nämlich nicht auf mathematische Weise, sondern mit den Grundlagen der Musiktheorie, die darum besonders ausführlich zuvor behandelt werden mußten ([13]). Damit ist aber auch bereits die anstehende Problematik gekennzeichnet; denn der modernen Naturwissenschaft fällt es schwer, Beweise auf dieser Ebene ernst zu nehmen, und vorwiegend deshalb wurde diese Komponente in Keplers Schaffen bagatellisiert oder ignoriert.

Mittlerweile konnte jedoch glaubhaft gemacht werden, vor allem durch die Bemühungen Hans Kaysers (1891–1964; vgl. [68]) und des Unterzeichneten ([35]), daß jene Vorstellung der Pythagoreer von einer Weltharmonie mit Musikgesetzen keineswegs bloß philosophische Spintisiererei gewesen war, sondern daß es sich dabei um eine wissenschaftlich nachweisbare Realität handelt ([41]). Dadurch aber geriet auch Keplers Beweisführung in einen anderen Zusammenhang, wurde gleichsam Teil – sogar sehr wesentlicher Teil – einer Gesamtdarstellung, die dem

[10] Vgl. den Beitrag *Keplers Weltharmonik in Vergangenheit, Gegenwart und Zukunft*, Seite 45.

[11] Vgl. die Beiträge *Fortsetzungen der Keplerschen Weltharmonik*, Seite 97, sowie *Marginalien zum 3. Keplerschen Gesetz*, Seite 115.

sogenannten Weltbild der Naturwissenschaften als wertvolle und notwendige Ergänzung an die Seite gestellt werden kann.

Konkret geht es Kepler um die Suche nach sogenannten Intervallproportionen in den Planetenbahnen. Diese Quantitäten liegen bekanntlich den Intervallen unserer Musik, die wir als Sinnesqualitäten wahrnehmen, zugrunde (z. B. 1 : 2 = Oktave, 2 : 3 = Quinte, 3 : 4 = Quarte usw.), doch sind sie eben auch Grundgesetze im ganzen Kosmos. Kepler untersucht nacheinander die verschiedenen Bahnelemente der Planeten, die Abstände von der Sonne, die Umlaufzeiten, die Tagesbögen usw., ist jedoch mit den ermittelten Werten zunächst nicht vollauf zufrieden. Schließlich aber stößt er auf jene Gegebenheiten, die ihm zu der eigentlichen Lösung verhelfen: die scheinbaren Tagesbögen der Planeten an den Extrempunkten (Aphel und Perihel) ihrer elliptischen Bahnen. Das sind also nicht die wahren, realen Strecken bzw. Bahnteile, welche die Planeten in 24 Stunden an den genannten Stellen durchlaufen, sondern es sind die von der Sonne aus gemessenen Winkel zwischen Anfangs- und Endpunkt jener Tagesbögen – dieser Unterschied ist von gewichtiger Bedeutung, wie wir sogleich sehen werden. Das Ergebnis besteht aus solchen Winkelgrößen, deren Vergleich einfache Zahlenverhältnisse bzw. Intervalle liefert, die wir frei nach Kepler ([74] S. 301) in der Tabelle Seite 50 wiedergeben. (Vgl. dazu Notenbeispiel 1, S. 25.)

Die Interpretation dieser harmonikalen Werte führt zu einem auch musikalisch interessanten Schluß: Von den 16 vorkommenden Intervallen sind nur zwei Dissonanzen (15 : 16 und 24 : 25), die Konsonanzen überwiegen bei weitem, und dieses Kriterium ist typisch für viele harmonikale Naturgesetze, wie nachgewiesen werden konnte ([41]). Ergänzend sei vermerkt, daß Kepler anschließend die Bahn des Mondes um die Erde untersuchte, wobei er eine Quarte (3 : 4) vorfand, und daß in neuerer Zeit Keplers Methode auch auf die inzwischen entdeckten Planeten Uranus, Neptun und Pluto angewendet wurde ([103]), wobei sich ebenfalls lauter harmonikale Werte mit weitem Überwiegen der Konsonanzen ergaben. Über die Meßgenauigkeit hat schon Kepler selbst genaue Angaben gemacht ([74] S. 301 f.), und neuere Untersuchungen haben die zureichende Genauigkeit seiner Berechnungen bestätigt. ([105])

Natürlich handelt es sich bei diesen Planetenharmonien (Kepler verwendet das Wort Harmonie anstelle von Intervall) nicht um wirklich erklingende Töne, was auch noch niemand behauptet hat. Sie sind vielmehr Analogien zum vertrauten Tatbestand der Akustik, jedoch um viele Oktaven vom Hörbereich getrennt. Man muß die ideellen Intervalle daher in diesen transponieren, was denkbar einfach ist, da ja auch der musikalische Hörbereich oktavweise gegliedert ist und sich der sogenannte Toncharakter von Oktave zu Oktave wiederholt. Dieses Transponieren ist heute in der Wissenschaft wohlbekannt; man transponiert z. B. die ›Sprache‹ der Fische aus dem Ultraschallbereich, um sie hörbar zu machen, und man muß Infrarotaufnahmen durch Transposition sichtbar machen. Im Prinzip nichts anderes tat Kepler, und diese Transposition analoger Gegebenheiten ist auch eine der wichtigsten Methoden der modernen harmonikalen Forschung.

Ferner benötigt man ein Musikinstrument – am besten ein Monochord –, um die ermittelten Intervallproportionen einstellen und zum Erklingen bringen zu können. Daß der mit den Proportionen vertraute Wissenschaftler auch ohne Instrument weiß, welchen Befund er vor sich hat, widerspricht dem nicht – es kann ja auch ein Musiker eine Partitur lesend erleben, ohne daß die Töne erklingen. Wichtig, auch für unsere späteren Betrachtungen, ist, daß es sich bei Keplers Planetenintervallen um Gesetze handelt, die für die Erzeugung von Intervallen charakteristisch sind; wie wir diese Intervalle hören, ist eine andere Frage. Erstens schlägt dabei die Quantität der Proportion in die Qualität der spezifischen Intervallempfindung um, zweitens verschmelzen die beiden Töne, deren Frequenzen die Proportion (und deren Wellen- oder Saitenlängen die reziproke Proportion) bilden, zu einer Empfindungseinheit, und schließlich gehorcht die Lage der Intervalle im Tonraum einem eigenen Zahlengesetz (nämlich den Logarithmen der Proportionen).

Eine diesen Teil unserer Ausführungen abschließende Bemerkung sei noch gestattet. Ein ernst zu nehmendes Argument gegen die grundsätzliche Bedeutung der Keplerschen Planetenintervalle ist die Tatsache, daß die Bahnen der Planeten infolge deren wechselseitiger Gravitationsbeeinflussung sich ständig ändern und daher auch niemals exakte Ellipsen sein können. Nähere Untersuchungen haben jedoch gezeigt, daß dies für die Keplers Weltharmonik zugrunde liegenden Winkelwerte so gut wie nicht zutrifft, da es sich – wie wir ausdrücklich erwähnten – um die sogenannten ›scheinbaren‹ Bögen und nicht um reale Bahnwerte handelt. Vom gleichen, konstanten Winkel könnten faktisch unendlich viele reale Tagesbögen erfaßt werden, die hinsichtlich Entfernung, Schiefe, Planetengeschwindigkeit usw. gravitationsbedingte Unterschiedlichkeiten besitzen. Daher gelten diese Keplerschen Werte auch heute noch, sie sind gleichsam Konstanten inmitten variabler Bahnwerte, und diese Feststellung erhöht ihre Bedeutung im Rahmen einer harmonikalen Weltharmonie beträchtlich!

2. Astrologische Aspektlehre

Wir sagten schon, daß in den vier der eigentlichen astronomisch-harmonikalen Beweisführung vorausgehenden Büchern der *Weltharmonik* Fakten angegeben werden, die auf diesen Beweis hinführen. Genauer betrachtet, zieht Kepler Parallelen zwischen mathematischen, musiktheoretischen und astrologischen Gesetzen, stellt also eine große Analogienlehre dar, die schließlich in astronomische Analogien einmündet. Diese Analogien aber werden gebildet von Proportionen, die in allen genannten Gebieten dominieren. Schon dadurch ergibt sich eine Weltharmonie, die aber für Kepler gleichsam nur Mittel zum Zweck ist, sein eigentliches Anliegen, den Nachweis der Planetenharmonien, vorzubereiten und zu stützen.

Im folgenden wollen wir ein Kapitel aus diesem großen Zusammenhang herausgreifen, das astrologische ([74] S. 197 ff.) nämlich, und sehen, in welcher Weise dort die Intervallproportionen nachgewiesen werden. Wir knüpfen auch dabei an frühere Untersuchungen an ([27]), können diese aber jetzt mit neuen Überlegungen fortsetzen und müssen zu diesem Zweck ausführlicher werden als bei der Darstellung der astronomischen Weltharmonik Keplers. Die Astrologie als solche wird dabei bewußt nicht zur Debatte gestellt.

Der Sachverhalt, um den es in diesem Zusammenhang geht, ist die astrologische Aspektlehre, deren mathematisch-harmonikale Strukturierung Kepler aus der Antike übernahm, wo sie vor allem von Ptolemaios im Rahmen seiner eigenen harmonikalen Weltkonzeption ([14] S. 126 ff.) aufgezeichnet wurde; eine ausführliche Würdigung erfuhr die Keplersche Aspektlehre bereits durch Walter Koch ([77]), dessen Ausführungen wir uns vorerst anschließen können. Unter Aspekten versteht die Astrologie Winkelverbindungen zwischen zwei Punkten eines Horoskopes, vor allem zwischen Planeten, doch gibt es im Vollkreis (= Tierkreis) von 360° nicht beliebig viele Aspekte, sondern nur relativ wenige, denen ganz bestimmte Bedeutungen bzw. Wirkungen zugeschrieben werden. Die folgenden Zuordnungen werden überliefert:

0°	Konjunkt.	neutral	(108°	Tridezil	schwach günstig)
30°	Semisextil	schwach günstig	120°	Trigon	günstigster Aspekt
(36°	Dezil	schwach günstig)	(135°	Trikotil	schwach ungünstig)
45°	Semiquadr.	schwach ungünst.	(144°	Biquintil	schwach günstig)
60°	Sextil	günstig	150°	Quinkunx	prüfend, verwirrend
(72°	Quintil	günstig)	180°	Opposition	ungünstigster Asp.
90°	Quadrat	ungünstig			

(die weniger wichtigen Aspekte wurden eingeklammert)

Es versteht sich von selbst, daß außer Konjunktion und Opposition alle Aspekte in beiden Kreishälften spiegelbildlich vorhanden sind. Stellt man sich den zugrundeliegenden Vollkreis als eine schwingende Saite vor, die kreisrund gebogen wurde, so fallen die Aspektstellen auf solche Saitenteile, die z. B. auf einem Monochord die nachfolgenden Proportionen bilden – wobei sich durch die Unterteilung der Saite jeweils zwei Saitenlängen ergeben, die wir in musikalisch sinnvoller Vorgangsweise als ›abgedämpft‹ und ›schwingend‹ bezeichnen wollen (es wäre aber auch ein Tausch dieser Bezeichnungen denkbar):

Gradzahl	abgedämpft	schwingend	Gradzahl	abgedämpft	schwingend
30°	1/12	11/12	108°	3/10	7/10
36°	1/10	9/10	120°	1/3	2/3
45°	1/8	7/8	135°	3/8	5/8
60°	1/6	5/6	144°	2/5	3/5
72°	1/5	4/5	150°	5/12	7/12
90°	1/4	3/4	180°	1/2	1/2

Wir erkennen in der rechten Spalte uns wohlvertraute Intervallproportionen, z. B. 1 : 2 (Oktave), 2 : 3 (Quinte), 3 : 4 (Quarte), 4 : 5 (große Terz), 5 : 6 (kleine Terz), dazu einige weitere, auf deren Diskussion wir verzichten können.

Kepler ermittelte die Proportionen freilich auf komplizierte Weise ([74] S. 248 ff.). Er ging auch vom Vollkreis als ganzer Saitenlänge aus, bildete dann aber z. B. die Quinte wie folgt: Die ganze Saitenlänge muß um die Hälfte verlängert werden, damit sich die Proportion 2 : 3 ergibt (2/2 : 3/2); das bedeutet für den Kreis 360° + 180° = 540°, da aber beim Kreis die Grade 361 bis 540 identisch sind mit 1 bis 180, ist der für die Quinte charakteristische Kreisbogen 180° groß. Wir haben Keplers Überlegungen stark vereinfacht und geben daher zur Vervollständigung der zugrundeliegenden Betrachtungsweise eine von Walter Koch angefertigte Tabelle wieder, der auch weitere Intervalle entnommen werden können ([77] S. 30):

Ordnungszahl	Wohlklang	Grund-verhältnis	Relative Saitenlänge	Relat. Schwingungszahl	Übersch. Kreisteil Bruch	Grad	Ton	Aspekt	Figur
1.	Oktave	1 : 2	1 : 2	2 : 1	1	360	c	Konjunktion	konzentr. Kreis
2.	Quint	1 : 3	2 : 3	3 : 2	1/2	180	g	Opposition	Zweieck
3.	Quart	1 : 4	3 : 4	4 : 3	1/3	120	f	Trigon	Dreieck
4.	Große Terz	1 : 5	4 : 5	5 : 4	1/4	90	e	Quadrat	Quadrat
5.	Kleine Terz	1 : 6	5 : 6	6 : 5	1/5	72	es	Quintil	Fünfeck
6.	Große Sext	2 : 5	3 : 5	5 : 3	2/3	240	a	linkes Trigon	Dreieck
7.	Kleine Sext	3 : 8	5 : 8	8 : 5	3/5	216	as	linkes Doppelquintil	Fünfeck

In dieser Tabelle sind für uns nur die Spalten ›relative Saitenlänge‹ und ›überschüssiger Kreisteil‹ wichtig, da sie die Verbindung zwischen Intervall und Aspekt herstellen. Eine eingehendere Betrachtung der Tabelle ist für unseren Zweck überflüssig, zudem hat Koch bereits ausführlich zu der gesamten Problematik Stellung bezogen. Klar dürfte aber jetzt bereits sein, daß es verschiedene Methoden gibt, Intervalle und Aspekte in Beziehung zu setzen, da sich Keplers Verfahren von unseren obigen Angaben beträchtlich unterscheidet, und es gibt sogar noch andere Möglichkeiten. ([17])

Wir vernachlässigen jedoch diese methodologischen Fragen ganz bewußt, weil wir im Gegensatz zu allen früheren Auseinandersetzungen mit Keplers harmonikaler Aspektenlehre einen neuen Gedanken in die Debatte werfen wollen, der unserer Auffassung nach von entscheidender Bedeutung ist. Die bisher mitgeteilten Zusammenhänge zwischen Aspekten und Intervallen bestätigen offenbar die harmonikale Beschaffenheit dieser Beziehungen, da es sich um Intervallproportionen handelt. Sie lassen aber auch transparent werden, daß die qualitativen Analogien keineswegs übereinstimmen! Ein Blick auf die Kochsche Tabelle läßt dies klar werden: In dieser sind ausschließlich musikalische Konsonanzen angeführt (ausdrücklich als ›Wohlklang‹ bezeichnet), die Spalte der Aspekte enthält jedoch auch Opposition und Quadrat, denen eindeutig ungünstige Bedeutungen zukommen. Und wenn wir die nach unserem ersten Verfahren ermittelten Proportionen diesbezüglich auswerten, so fällt die Opposition mit der Oktave zusammen, also der optimalen Tonverschmelzung überhaupt; große Terz und große Sexte, die beiden klangvollsten Intervalle, entsprechen den nur wenig verwendeten Aspekten Biquintil und Quintil, das Quadrat gehört zur Quarte. Alle diese Zuordnungen sind, von den musikalischen Empfindungen her betrachtet, nicht sinnvoll.

Die Widersprüche lösen sich jedoch, wenn wir eine andere Betrachtungsweise einführen. Wir nahmen schon bei der Interpretation der astronomischen Weltharmonik Keplers eine wichtige Unterscheidung vor: daß es sich da nämlich um die für die Erzeugung von Intervallen notwendigen Proportionen handle, während für die psychisch empfundenen Klänge als deren Auswirkungen, die (wie übrigens auch die Farben) zu den sogenannten Sinnesqualitäten gehören, ganz andere Gesetze maßgebend sind. Daß sich Intervalle zu Tonleitern anordnen lassen, hängt eng zusammen mit dem Tonraum, der eine psychische Realität ist und der aus zwei Komponenten besteht, einer räumlichen (Tiefe und Höhe von Tönen) und einer zeitlichen (in der sich das musikalische Geschehen in Form von Melodien, Rhythmen fortbewegt) ([1]); daß in diesem Tonraum u. a. auch Distanzen gemessen werden können, gehört zu seinen besonderen Eigenschaften, doch befinden wir uns dabei auf einer ganz anderen Ebene als der der Klangerzeugung.

Um eine Analogie zu Hörphänomenen handelt es sich aber bei den astrologischen Aspekten. Auch sie sind Wirkungen (deren Ursachen vorerst unbekannt sind), und auch sie sind durch qualitative Unterscheidungen gekennzeichnet, umsomehr dann, wenn zu den Aspektqualitäten noch die unterschiedlichen Planetenqualitäten hinzukommen), die sich im menschlichen Lebensbereich ereignen, zu welchem auch alles das gehört, was die Sinne erfassen. Die quantitativen Ursachen von Tönen, Intervallen und Farben hingegen werden vom Verstand vermittels naturwissenschaftlicher Experimente erkannt – und diese Ebene der Verursachung ist bei den astrologischen Aspekten bisher noch gar nicht erfragt worden.

Zur Veranschaulichung dieses Sachverhaltes müssen wir wiederum vom Kreis ausgehen, jedoch jetzt mit einem fundamentalen Unterschied: der Vollkreis entspricht nicht mehr einer gebogenen Saite, sondern er steht in Analogie zur Tief-Hoch-Dimension des psychischen Tonraumes, und die Anordnung der Aspekte darin entspricht damit den Hördistanzen zwischen den Tönen von Tonleitern, wobei die Hauptaspekte der sogenannten chromatischen Tonleiter gleichkommen, wie wir sehen werden. Der Vergleich von Intervallen mit Aspekten auf dieser Ebene der Auswirkungen bzw. Empfindungen bedarf aber noch einer Modifikation. Wir sagten schon, daß die Aspekte nur bis zu 180° verwendet werden und daher im Kreis spiegelbildlich auftreten. Wenn wir nun den Vollkreis dem Hörraum von einer Oktave Umfang gleichsetzen, so verlaufen die Aspekte nur bis zur Hälfte, die andere Kreishälfte muß mit den gleichen Aspekten ausgefüllt werden, und dann müssen wir auch mit den Intervallen so verfahren und in der oberen Hälfte des Tonraumes dieselben Intervalle abwärts gerichtet angeben. Der Vergleich sieht unter diesen Voraussetzungen wie folgt aus:

360°	Oktave	Prime	Konjunktion
330°	große Septime	kleine Sekunde	Semisextil
300°	kleine Septime	große Sekunde	Sextil
270°	große Sexte	kleine Terz	Quadrat
240°	kleine Sexte	große Terz	Trigon
210°	Quinte	Quarte	Quinkunx
180°	Tritonus	Tritonus	Opposition
150°	Quarte	Quarte	Quinkunx
120°	große Terz	große Terz	Trigon
90°	kleine Terz	kleine Terz	Quadrat
60°	große Sekunde	große Sekunde	Sextil
30°	kleine Sekunde	kleine Sekunde	Semisextil
0°	Prime	Prime	Konjunktion

Die mittlere und die rechte Spalte der Tabelle bilden die angegebenen Analogien, deren Interpretation wir uns nunmehr zuwenden.

3. Analogien

Vorangestellt sei die Feststellung, daß es sich um die 12 Hauptintervalle unserer Musik handelt, die durch die Disposition des menschlichen Gehörs gegeben sind ([36] S. 56 ff.), und daß dieser Zwölfzahl (Prime und Oktave sind identische Sinnesqualitäten) genau die Hauptaspekte der Astrologie gegenüberstehen. Diese Entsprechung ist jedoch vor allem qualitativ interessant, denn jetzt sind kaum noch Diskrepanzen vorhanden. Die neutrale Konjunktion kann sehr gut mit Prime und Oktave verglichen werden, während die andere Begrenzung des Aspektraumes, die Opposition, als bösester Aspekt genau dem Tritonus, der schärfsten Dissonanz (dem *diabolus in musica* des Mittelalters), entspricht. Das Trigon, der günstigste Aspekt, paßt ausgezeichnet zum klangschönsten der Vergleichsintervalle, der großen Terz, während dem ungünstigen Quadrat der vielfach als ›Trübung‹ bezeichnete Mollcharakter der kleinen Terz gleichgesetzt werden kann. Die verwirrend-prüfende Bedeutung des Quinkunx-Aspektes läßt sich durchaus mit der zuweilen als ›hohl‹ gekennzeichneten Empfindung der Quarte vergleichen. Nur die beiden Sekunden passen zugegebenermaßen nicht recht in das Vergleichsschema, vor allem nicht die Analogie der großen Sekunde mit dem Sextil (das Semisextil als schwächster der angeführten Aspekte könnte vernachlässigt werden), da die große Sekunde zu den Dissonanzen gehört; allenfalls ließe sich ihre wichtige Funktion bei der Melodiebildung der Bedeutung des Sextils gegenüberstellen, doch wäre das eher eine Notlösung.

Summarisch läßt sich sagen, daß die Gegenüberstellung von Aspektgrößen mit Hördistanzen nicht nur von der Sache her – da beide dem Menschen zugewandte Qualitäten betreffen – gerechtfertigt erscheint, sondern auch auf Grund der Einzelergebnisse. Denn abgesehen von der zuletzt genannten Ausnahme ergeben sich vorzügliche Übereinstimmungen der Bedeutungen (bzw. Empfindungen) in beiden Bereichen, die sich scharf unterscheiden von den zahlreichen Ungereimtheiten bei den Proportionsvergleichen, deren Zuordnungen zudem nicht eindeutig waren infolge ihrer Abhängigkeit von der angewendeten Methode.

Den Kenner der Musiktheorie wird an dieser Analogie freilich etwas stören. Die Anordnung der Intervalle und Aspekte in unserer letzten Tabelle erfolgte in Distanzen von jeweils 30°, also in einer Unterteilung des Ton- und Aspektraumes in zwölf gleiche Abschnitte.

Diese Vorgangsweise entspricht zwar der astrologischen Tradition, nicht unbedingt jedoch der musiktheoretischen.

Intervall	Proportion Frequenz			Proportion Hördistanz		
Prime	1 : 1	=	1,00	log 1,00	=	0,0000
gr. Terz	5 : 4	=	1,25	log 1,25	=	0,0969
Tritonus	45 : 32	=	1,406	log 1,406	=	0,1466
Oktave	2 : 1	=	2,00	log 2,00	=	0,3010

Voraussetzung für diese Äquidistanz in der Musiktheorie wäre die sogenannte temperierte Stimmung, und diese beruht bekanntlich auf einer künstlichen minimalen Verstimmung der Intervalle, die zudem erst seit der Barockzeit mathematisch und technisch beherrscht wurde. In der objektiven Natur und in der Gehörsdisposition sind nur die Intervallproportionen quantitativ verankert, deren Umwandlung in Hördistanzen keineswegs zu gleichen Abständen führt! (Der Vollständigkeit halber sei angemerkt, daß die psychische Komponente der Gehörsdisposition Bandbreiten der Empfindungen hat, auf Grund derer die Abweichungen der Temperierung unbewußt korrigiert werden können; die Zusammenhänge sind jedoch sehr kompliziert und können hier nicht erörtert werden – wir haben sie an anderer Stelle ausführlich dargestellt. ([42])

In der untenstehenden Tabelle sind einige mathematisch leicht überschaubare Intervalle in reintonaler und temperierter Stimmung einander gegenübergestellt, damit der geschilderte Sachverhalt noch deutlicher wird; die temperierten Intervalle bewirken eine Teilung der Oktave in zwölf gleiche Halbtonschritte. Deren Erzeugung müßte die Größe $\sqrt[12]{2}$ zugrundeliegen, so daß jedes Intervall als zusammengesetzt aus unterschiedlichen Anzahlen dieser Wurzelwerte aufgefaßt werden kann, was rechnerisch ihrer Potenzierung entspricht.

Aus dieser Tabelle, in der wir wegen der einfacheren mathematischen Darstellung Frequenzen verwendet haben, gehen verschiedene für unser Thema wichtige Zusammenhänge hervor. Unter ›Intervall‹ soll primär die

Temperierung				
Frequenz		Hördistanz		
1	$= 1$	$\log 1{,}00$	$= 0{,}0000$	0
$(\sqrt[12]{2})^4$	$= \sqrt[3]{2} = 1{,}260$	$\log 1{,}260$	$= 1{,}1004$	1/3
$(\sqrt[12]{2})^6$	$= \sqrt[2]{2} = 1{,}414$	$\log 1{,}414$	$= 0{,}1500$	1/2
$(\sqrt[12]{2})^{12}$	$= 2$	$\log 2$	$= 0{,}3010$	1

psychische Empfindung (= Sinnesqualität) verstanden werden, der zwei unterschiedliche Quantitäten auf der Seite der Erzeugung gegenüberstehen, die reintonale naturgegebene Proportion und der temperierte Annäherungswert. Wie schon aus der Frequenzangabe in Dezimalbrüchen hervorgeht, unterscheiden sich beide Stimmungen tatsächlich. Hördistanzen sind die Beziehungen der Intervallempfindungen untereinander, also die Entfernungen ihrer Orte im Tonraum. Diese Distanzen sind die Logarithmen der erzeugten Frequenzen, wie schon flüchtig erwähnt wurde. Der Vergleich der Logarithmen der reintonalen mit denen der temperierten Stimmung zeigt, daß nur die der temperierten Stimmung auf gleichen Abständen beruhen; denn: Der erzeugten Oktave (2 : 1) entspricht als Hördistanz der Logarithmus von 2, also der Wert 0,3010, und die Logarithmen der großen Terz und des Tritonus haben Werte, die einem Drittel bzw. der Hälfte dieses Wertes gleichkommen (die große Terz enthält aber vier Halbtonschritte, daher 4/12 = 1/3, und der Tritonus enthält derer sechs, also 6/12 = 1/2). Die Logarithmen der reintonalen Proportionen hingegen weichen von denen der Temperierung deutlich ab, so daß sich keine auch identischen Distanzen zwischen den Halbtonschritten ergeben können.

4. Astrologische Akustik

Diese komplizierten Grundlagen der Musiktheorie müßten nun sinngemäß auf die astrologischen Aspekte übertragen werden, was zu einer bisher ganz unbekannten ›astrologischen Akustik‹ führen würde, deren Problemstellungen wir aber wenigstens skizzieren wollen:

1. Für erwiesen halten wir, daß die astrologischen Aspekte im Sinne einer Weltharmonik nicht mit den für die Erzeugung von musikalischen Intervallen zuständigen und in der objektiven wie auch menschlichen Natur verankerten Proportionen verglichen werden können, was noch Kepler in Anlehnung an antike Überlieferungen tat. Die

Aspekte sind vielmehr Wirkungen von unbekannten Ursachen, vergleichbar mit Intervallempfindungen und Farben, also typischen Sinnesqualitäten.

2. Die der Aspektlehre zugrundeliegenden Zahlengesetze entsprechen daher der Anordnung von Sinnesqualitäten, insbesondere der Lokalisierung von Intervallempfindungen im Hörraum. Wie aus unserer letzten Tabelle hervorgeht, lassen sich auch in diesem Bereich sehr wohl Proportionen bilden, z. B.: log 1,260 : log 1,414 = 0,1004 : 0,1500 = 2 : 3. Diese liegen jedoch auf einer anderen Ebene als die zur harmonikalen Weltharmonie gehörigen; in unserem Beispiel würden sich sonst große Terz zu Tritonus wie 2 : 3 verhalten, was akustisch unsinnig ist (32/45 : 4/5 = 8/9).

3. Die ›Empfangsseite‹ der musikalischen Intervalle besitzt als weitere Eigenschaft die schon erwähnte psychische Disposition der Korrigierbarkeit von Verstimmungen. Dieses sogenannte ›Zurechthören‹ beruht darauf, daß die Ebene der psychischen Gehörsempfindung innerhalb der Oktave nicht zwölf punktuelle Orte für die spezifischen Intervallempfindungen hat, sondern Bereiche mit Bandbreiten, die bis zu 40% einer Halbtondistanz betragen (nach unten und oben). Dem entspricht sehr genau eine von uns noch nicht mitgeteilte Eigenschaft der Aspekte: auch sie haben einen ›Orbis‹, der durchschnittlich 5° betragen soll, jedoch auch von den beteiligten Planeten abhängig ist; Aspekte zwischen Sonne und Mond sollen noch bei Abweichungen bis zu 12° wirksam sein, und das wären 40% der zugrundeliegenden Distanz von 30° zwischen den Aspekten.

4. Als störend inmitten dieser sehr signifikanten Analogien zwischen Hörempfindungen und Aspektwirkungen erweist sich die der unbekannten Ursache der Aspekte offenbar zugrundeliegende temperierte ›Stimmung‹, die sich aus der äquidistanten Anordnung der Aspekte folgern läßt; denn die Werte der musikalischen Temperierung sind nicht naturgegeben, sondern mathematischer Herkunft.

Die Fülle der Beispiele von Intervallproportionen in der Natur ([41]) steht jedenfalls im Gegensatz zu der hypothetischen Forderung eines temperierten Intervallerzeugers im okkulten Bereich, aus dem die Aspekte stammen. Diese auffällige Diskrepanz führt uns zu einer Hypothese, die sicher nicht unwidersprochen bleiben wird, die wir aber dennoch formulieren wollen:

5. Wäre es denkbar, daß die tradierte Äquidistanz der Aspekte vielleicht gar nicht stimmt? Es ist bekannt, daß die auch bei Transiten von Planeten in Frage kommenden Aspekte keineswegs immer dann eine Wirkung zeitigen, wenn der betreffende Planet exakt auf der Aspektstelle steht. Man unterscheidet nicht nur zwischen applikativen und separativen Aspekten, die also vor bzw. nach Erreichung der genauen Position wirksam werden, sondern es sind auch für die einzelnen transitären Planeten unterschiedliche Zeitspannen (oder Winkelabweichungen) bekannt; so soll ein Transit von Saturn meist einen Tag später eintreffen, einer von Mars vier Tage früher, Uranus löst bis zu fünf Tage vorher schon eine Wirkung aus, Neptun vielleicht etwa einen Monat früher. Genaue Angaben fehlen uns, doch könnte dieses Fehlen sehr wohl auch auf der Schwierigkeit beruhen, diese Anomalien in ein System zu bringen. Wir könnten uns daher vorstellen, daß die Annahme inäqualer Aspektabstände, wie sie für die Hördistanz reintonaler Proportionen typisch sind, diese Problematik einer Lösung zuführen würde. Und die verborgenen Ursachen der astrologischen Aspekte wären dann reintonal ›gestimmt‹ bzw. Analogien zur reintonalen Stimmung und damit echte Bestandteile jener harmonikalen Weltharmonie, zu der Kepler den so wichtigen astronomischen Anteil beisteuerte.

5. Vertikale Weltharmonik

Die Überschrift unseres Aufsatzes *Keplers zweifache Weltharmonik* erweist sich somit als mehrdeutig. In Wahrheit kannte Kepler nur eine einzige harmonikale Gesetzmäßigkeit, die Intervallproportionen, die in der Tat Grundgesetze in der gesamten Natur sind, und in diese Gesetzmäßigkeit bezog er auch die astrologischen Aspekte ein. Wir konnten jedoch zeigen, daß er in diesem Punkt einem Irrtum verfiel, indem er antike Auffassungen ungeprüft übernahm – auch hatte er vermutlich damals noch gar nicht die Möglichkeit, die Zusammenhänge richtig zu sehen. Nunmehr wissen wir, daß im Bereich der Gestirne zwei verschiedene harmonikale Gesetzmäßigkeiten existieren, so daß wir von einer ›zweifachen Weltharmonik‹ sprechen können, die freilich nur bedingt mit Kepler zusammenhängt, der hinsichtlich der zweiten Komponente lediglich den Denkanstoß gab.

Diese zweite, als Analogie auf der Ebene der Sinnesqualitäten auftretende Komponente ist jedoch harmonikal ungewöhnlich und erkenntnismäßig völlig neu! Es könnte aber, wie gesagt, der in diesen Phänomenen sich bekundende Sachverhalt ein Hinweis darauf sein, daß im metaphysischen Bereich ebenfalls harmonikale Gesetze existieren, die der Erzeugung von akustischen Erscheinungen entsprechen und daher zu der schon bisher bekannten harmonikalen Weltharmonie aus Proportionen gehören. Diese erkenntnistheoretische Schlußfolgerung stimmt überein mit Gedanken, die wir schon einmal im Zusammenhang mit metaphysischen Überlegungen zur Harmonik ([41] S. 118 ff.) äußerten, und bestärkt uns in der damals ausgesprochenen Vermutung, daß nicht nur eine irdische, gleichsam horizontale Weltharmonik existiert, sondern auch eine vertikale, die auf Analogien zwischen den harmonikalen Gesetzen im materiellen Bereich und solchen auf höheren, transzendenten Ebenen beruht.

Bei den harmonikalen Proportionsgesetzen im irdischen Bereich und auf der angenommenen transzendenten Ebene handelt es sich um Analogien, wie wir nochmals unterstreichen wollen, also um harmonikale Strukturen, die parallel zueinander existieren und nicht aufeinander einwirken – wir sprachen daher früher einmal von einem

›harmonikalen Strukturalismus‹ ([32]). Die astrologischen Aspekte würden jedoch zu ihrer vermutbaren transzendenten harmonikalen Ursache nicht in Analogie stehen, sondern in einem Ursache-Wirkungs-Verhältnis, und dieses entspricht jenem Ursache-Wirkungs-Verhältnis zwischen Intervallerzeugung und Intervallempfindung. Und hier wie dort kommen daher zwei unterschiedliche mathematische Beschreibungen vor, von denen die zweite, die Auswirkungen betreffende, aus den Logarithmen der ersten besteht.

Fortsetzungen der Keplerschen Weltharmonik

Nachdem jahrhundertelang das Lebenswerk Johannes Keplers falsch tradiert und damit seine selbstgestellte wahre Lebensaufgabe, nämlich die legendäre pythagoreische Weltharmonie zu beweisen, verschwiegen, verunglimpft oder bagatellisiert worden war, haben erst in unserem Jahrhundert Max Caspar ([74]) und Hans Kayser ([63], [67]) in entscheidender Weise für eine Richtigstellung gesorgt. Angesichts des nunmehr bekannten Sachverhaltes erscheinen die verschiedenen Berichte über Keplers Weltharmonik aus vergangenen Zeiten wie eine Groteske, die uns – wäre der Hintergrund nicht tragisch genug – sehr erheitern könnte. Den heute leicht nachweisbaren ([35]) Irrtümern der Chronisten und der dabei als Basis dienenden Rechtfertigung des Keplerschen Beweises einer akustisch-musikalischen Weltharmonie ([37]) müßte aber auch ein Bericht über jene Forschungen an die Seite gestellt werden, die Keplers kosmische Harmonie fortsetzen und damit (zum Teil) die Richtigkeit seiner Methode bestätigen. Dies wurde bisher vernachlässigt und soll daher im folgenden kurz skizziert werden.

Das Kernstück von Keplers Beweis einer umfassenden Harmonie der Planeten unseres Sonnensystems mit Hilfe von Intervallproportionen ist jene Tabelle in den *Harmonices mundi libri V* (von M. Caspar treffend mit *Weltharmonik* übersetzt), in der er die Aphel- und Perihelbögen der Planeten zueinander in Beziehung setzt ([74] S. 301), d. h. die von der Sonne aus gemessenen, durch die Fortschreitung der Planeten binnen 24 Stunden gebildeten Winkel an den beiden Extrempunkten ihrer Bahnen. Kepler ent-

Saturn	Aphel a	a : b = 4 : 5	große Terz	c	e				
	Perihel b	a : d = 1 : 3	Duodezime	c		g			
		c : d = 5 : 6	kleine Terz		e	g			
Jupiter	Aphel c	b : c = 1 : 2	Oktave	c					c’
	Perihel d	c : f = 1 : 8	drei Oktaven	c					c’
		e : f = 2 : 3	Quinte	c	g				
Mars	Aphel e	d : e = 5 : 24	kleine Terz + zwei Oktaven		e	g			
	Perihel f	e : h = 5 : 12	kleine Terz + Oktave		e	g			
Erde	Aphel g	g : h = 15 : 16	diatonischer Halbton					h	c’
	Perihel h	f : g = 2 : 3	Quinte	c		g			
		g : k = 3 : 5	große Sexte		e	g			
Venus	Aphel i	i : k = 24 : 25	chromatischer Halbton			g	gis		
	Perihel k	h : i = 5 : 8	kleine Sexte		e				c’
		i : m = 1 : 4	zwei Oktaven	c					c’
Merkur	Aphel l	l : m = 5 : 12	kleine Terz + Oktave		e	g			
	Perihel m	k : l = 3 : 5	große Sexte		e	g			

deckte, daß der Vergleich der Werte einfache Proportionen liefert, die ausnahmslos mit bekannten musikalischen Intervallen identisch sind. (Siehe dazu die Tabelle auf der gegenüberliegenden Seite.)

Man kann den musikalischen Sinn dieser Tabelle verschieden interpretieren; am einfachsten dadurch, daß man die sich ergebenden Proportionen mit den dazugehörigen Intervallbezeichnungen versieht, also (von oben nach unten): große Terz, Duodezime, kleine Terz, Oktave, Dreifachoktave, Quinte usw. Kepler selbst hat versucht, die einzelnen Intervalle untereinander zu Tonleitern zu verbinden, wobei ihm die Gewinnung von Dur und Moll (diese Bezeichnung wendete Kepler übrigens als erster im heutigen Sinn an; vgl. [74] S. 129 f.) ein besonderes Anliegen war ([74] S. 305 ff.). Wir haben es demgegenüber unternommen, die Intervalle dort aufzusuchen, wo sie in der Natur auftreten, nämlich in der Obertonreihe, die ja als Naturgesetz eines der wichtigsten Fundamente der Akustik und Musik ist; die Obertonreihe wurde freilich erst nach Kepler durch Marin Mersenne entdeckt, weshalb Kepler selbst dieses Verfahren nicht anwenden konnte.

Der gesetzmäßige Aufbau der Obertonreihe besteht darin, daß die einzelnen Partialtöne ganzzahlige Vielfache der Frequenzen des Grundtones sind (bzw. deren Reziproke bei Wellen- und Saitenlängen); gehen wir von der Obertonreihe des Tones c aus, der mit 1 bezeichnet wird, so haben dessen Partialtöne die relative Frequenz der darüberstehenden Zahl, und die Zahlen untereinander geben die zu den betreffenden (darunterstehenden) Tönen gehörige Intervallproportion an (was auch für das Überspringen eines oder mehrerer Töne bzw. Zahlen gilt):

1	:	2	:	3	:	4	:	5	:	6	:	7	:	8		usw.
c		c'		g'		c"		e"		g"		b"		c"'		usw.

Zurück zu Kepler. Suchen wir die in der Tabelle angegebenen Proportionen in einer Obertonreihe auf, beziehen

Saturn	Aphel a	a : b = 4 : 5	c		e						
	Perihel b	a : d = 1 : 3	c				g				
		a : c = 2 : 5	c		e						
		b : d = 5 : 12			e		g				
		c : d = 5 : 6			e		g				
		b : c = 1 : 2	c								c’
Jupiter	Aphel c	c : e = 9 : 50		d				gis			
	Perihel d	c : f = 3 : 25					g	gis			
		d : f = 4 : 27	c						a		
		d : e = 5 : 24			e		g				
Mars	Aphel e	e : f = 2 : 3	c				g				
	Perihel f	e : g = 9 : 20		d	e						
		e : h = 5 : 12			e		g				
		f : h = 3 : 5			e		g				
Erde	Aphel g	g : h = 15 : 16								h	c’
	Perihel h	f : g = 2 : 3	c				g				
		g : i = 3 : 5			e		g				
		g : k = 3 : 5			e		g				
		h : i = 5 : 8			e						c’
Venus	Aphel i	i : k = 24 : 25					g	gis			
	Perihel k	h : k = 5 : 8			e						c’
		i : l = 5 : 9		d	e						
		i : m = 1 : 4	c								c’
Merkur	Aphel l	k : l = 16 : 27	c						a		
	Perihel m	l : m = 9 : 20		d	e						
		k : m = 81 : 320			e	e^{+1}					
Uranus	Aphel n	n : o = 5 : 6			e		g				
	Perihel o	n : b = 3 : 5			e		g				
		o : a = 5 : 6			e		g				
		n : p = 5 : 9		d	e						
Neptun	Aphel p	p : q = 80 : 81			e	e^{+1}					
	Perihel q	n : q = 5 : 9		d	e						
		o : p = 9 : 20		d	e						
		o : q = 15 : 32								h	c’
		p : s = (80:81)			e	e^{+2}					
Pluto	Aphel r	r : s = 9 : 25		d				gis			
	Perihel s	p : r = 5 : 24			e		g				
		q : s = 8 : 9	c	d							
		q : r = 8 : 18	c	d							

wir sie also alle auf einen gemeinsamen Grundton (wobei wir der Einfachheit halber c wählen, doch wäre auch jeder andere Ton möglich, da es sich um relative Proportionen handelt), so erhalten wir die rechts neben der Keplerschen Tabelle stehenden Töne, die wir der Übersicht halber in eine Oktave transponiert haben. Das Ergebnis ist verblüffend: Von 32 vorhandenen Tönen sind 30 Töne des Durdreiklangs, nämlich c, e und g, und nur die beiden Töne gis und h erscheinen gleichsam als Ausnahmen. Das von uns verwendete Interpretationsverfahren liefert uns also einen ausgezeichneten Überblick und vereinfacht auf legitime und musikalisch sinnvolle Weise die auf den ersten Blick vielleicht etwas unübersichtliche Tabelle wesentlich. Es wird uns aber auch im folgenden aus gleichen Gründen gute Dienste leisten.

An die wiedergegebene Tabelle Keplers hat unseres Wissens als erster Ludwig Günther angeknüpft ([26] S. 142 f.), der die nach Kepler entdeckten Planeten Uranus und Neptun mit Keplers Verfahren untersuchte und dabei dessen Anwendbarkeit bei Uranus unter Beweis stellte, außerdem untersuchte er auch die Asteroiden, von denen Ceres, Vesta, Pallas und Juno den Halbton cis gemeinsam haben, wennschon mit Abweichungen; weshalb für Neptun keine Werte angegeben werden, bleibt unerklärt.

Danach hat sich in umfassendster Weise Francis Warrain ([103]) der Keplerschen Weltharmonik angenommen. Er erschloß in seinem zweibändigen Werk nicht nur Keplers Forschungen dem französischen Sprachbereich, sondern schuf überhaupt das moderne Buch über die musikalische Weltharmonie schlechthin, das auch schon die ersten Arbeiten Hans Kaysers behandelte ([103] Bd. 2, S. 110 ff.). Zudem vergleicht Warrain Keplers Messungen mit den heutigen Meßwerten und bezieht außerdem die seit Kepler neuentdeckten Planeten, einschließlich Pluto, in seine Untersuchungen ein. Es ist an dieser Stelle natürlich unmöglich, dieses verdienstvolle Werk aus dem Jahre 1942 eingehend zu würdigen. Wir müssen uns vielmehr darauf beschränken, diejenigen Angaben Warrains darzustellen, die mit unserem Anliegen direkt etwas zu tun haben; wir entnehmen sie einer seiner großen Tabellen, die alles diesbezüglich Wesentliche enthält. ([103] Bd. 2, S. 79)

Aus dieser Tabelle geht zunächst einmal hervor, daß Keplers Messungen ausnahmslos sehr genau waren. Auf alle Fälle müssen nur drei der von Kepler angegebenen Intervallproportionen geändert werden, weil die Meßdifferenz ein anderes Intervall ergibt. Es sind dies die Proportionen c : f = 3 : 25, l : m = 9 : 20 und k : l = 16 : 27. In vielen Fällen bestätigen jedoch die modernen Messungen die Keplerschen Intervallberechnungen noch exakter als seine eigenen. Ganz klar ergibt sich jedenfalls, daß die Keplersche Methode und das zutage tretende Gesamtergebnis auch heute noch Gültigkeit besitzen!

Warrain hat darüber hinaus aber noch weitere Proportionen eruiert, nämlich die in Keplers Tabelle nicht enthaltenen Vergleiche der Aphel- und Perihelwerte benachbarter Planeten, und außerdem bezog er, wie schon gesagt, Uranus (mit gleichen Ergebnissen wie bei Günther), Neptun und Pluto in seine Untersuchungen ein. Wir wollen nun alle diese Daten Warrains in der Form der Keplerschen Tabelle, deren Fortsetzung sie ja faktisch bilden, zusammenfassen, wobei wir der Einfachheit halber die neuen Planeten an den Schluß setzen, obwohl wir dabei die Störung ihrer Reihenfolge in Kauf nehmen müssen.

Die zusammenfassende Interpretation dieser Tabelle bzw. der 39 Proportionen, die sie enthält, ergibt, daß es sich ausnahmslos um vertraute akustisch-musikalische Gegebenheiten handelt, die uns nur in solchen Fällen ungewohnt vorkommen, wo es sich um Intervalle von mehr als einer Oktave Umfang handelt. Da aber die Oktavtransposition ein denkbar einfaches musikalisches Verfahren ist, das zudem auch rechnerisch leicht zu handhaben ist, weil man stets nur eine der Zahlen mit 2 zu multiplizieren bzw. durch 2 zu dividieren hat (z. B. läßt sich 5 : 24 zurückführen auf 5 : 6, die kleine Terz, während 5 : 24 kleine Terz plus zwei Oktaven ist), ist das Ergebnis einfacher, als es den Anschein hat. Musikalisch unbrauchbar ist lediglich die Proportion p : s, die ein verdoppeltes syntonisches Komma ergibt und die sich selbständig nicht musikalisch verwenden läßt; dennoch ist dieser Wert akustisch sinnvoll, da das syntonische Komma 80 : 81 eine sehr wichtige akustische Grundkonstante ist. Weil es in der Obertonreihe aus den Partialtönen 80 und 81 gebildet wird, die beide legitime e (bei Grundton c) heißen und faktisch einen Einklang bilden (das e Nr. 81 wird als e^{+1} angegeben), haben wir die beiden einzeln auftretenden syntonischen Kommata p : q und k : m (dieses um zwei Oktaven erweitert) als Einklänge (Primen) belassen können.

Stellen wir nach Transposition aller Intervalle in eine Oktave die vorkommenden Intervalle zusammen, so ergibt sich folgendes Bild:

Prime (s. Komma)	2	Quinte	3
kleine Sekunde	4	kleine Sexte	2
große Sekunde	6	große Sexte	6
kleine Terz	7	kleine Septime	2
große Terz	2	große Septime	–
Quarte	–	Oktave	2
Tritonus	2		

Mit Ausnahme von Quarte und großer Septime sind alle unsere bekannten musikalischen Intervalle vertreten, wennschon mit unterschiedlicher Häufigkeit. Kepler verfuhr also durchaus sinnvoll, wenn er – freilich mit bescheidenerem Tonvorrat – versuchte, aus diesen Intervallen Tonleitern und Melodien zu bilden. ([74] S. 309 ff.)

Ein anderes Bild ergibt sich, wenn wir alle diese Intervalle, die wir bisher nur statistisch betrachteten, einer gemeinsamen Tonalität zuordnen, indem wir sie wiederum als Obertöne eines angenommenen Grundtones c auffassen. Wir haben die sich dann ergebenden Töne in Tonbuchstaben rechts neben die Intervalltabelle gesetzt und erkennen folgende Häufigkeiten bei Transposition in eine Oktave:

c	d	e	g	gis	a	h
17	10	25	16	4	2	2

Von diesen 76 Tönen gehören 72 der Durtonleiter an, wenn c Grundton ist, doch würden sich die gleichen Töne auch der Molltonalität zuordnen lassen, wenn a als Grundton betrachtet würde; als musiktheoretische Ausnahmen erscheinen demnach nur die vier gis-Werte. Das Bild ist also nicht ganz so einheitlich wie in Keplers Originaltabelle, doch kann dies bei mehr als dem Doppelten an Tönen wohl auch kaum erwartet werden. Suchen wir jedoch auch hier nach dem Hauptkriterium von Keplers Tabelle, also nach dem Durdreiklang, so zeigt sich, daß 58 Töne auf c, e und g fallen, was selbstverständlich auffällig genug ist, so daß wir ohne Zögern auch hier von einer Dominanz des Durdreiklanges bzw. der Durtonalität sprechen können (der Molldreiklang a, c, e ist demgegenüber nur mit 44 Tönen vertreten).

Es zeigt sich also eindeutig, daß die Überprüfung, Korrektur und Ergänzung des Kernstücks von Keplers Weltharmonik auch heute noch zu einem musikalisch sinnvollen Ergebnis führt, ja daß die Hauptkriterien sogar erhalten geblieben sind. Warrain sieht in Keplers erstem Versuch der Darstellung einer Weltharmonie in seinem *Mysterium cosmographicum* ([70]), wo er bekanntlich glaubte, die geometrischen Konstruktionsprinzipien der Planetensphären mit Hilfe der Platonischen Körper erklären zu können, eine Infra-Struktur seines später entdeckten Intervallsystems ([103] Bd. 2, S. 135), eine Annäherungslösung also für die in den *Harmonices mundi libri V* ermittelte musikalische Weltharmonie. Man könnte diesen Gedankengang fortsetzen und die von Warrain erstellte umfassendere Intervalltabelle nun wiederum als Verbesserung und Erweiterung von Keplers Lösung des Problems auffassen – wobei freilich nicht übersehen werden darf, daß Keplers Ermittlungen fast ausnahmslos gültig geblieben sind und nur geringer Korrektur sowie entsprechender Erweiterung bedurften, wobei seine eigene Methode angewendet wurde: das aber vor allem ist das Entscheidende!

Günthers und Warrains Ergänzungen sind jedoch nicht die einzigen Anknüpfungen an Keplers *Weltharmonik* gewesen. Kepler unternahm ja im 5. Buch dieses Werkes verschiedene Versuche, Intervallproportionen in den Planetenbahnen nachzuweisen, nur mit geringerem Erfolg als im Falle der Aphel- und Perihelbögen. So untersuchte er u. a. auch die Entfernungen der Planeten ([74] S. 297), war aber mit dem Ergebnis nicht zufrieden, weshalb wir auch auf dessen Darstellung hier verzichten können. Zwei bedeutende Astronomen, Titius (1729–1796) und Bode (1747–1826), knüpften jedoch an diesen Teil der Keplerschen Untersuchungen an und entwickelten schließlich die nach ihnen benannte Titius-Bodesche Regel über die Entfernungen der Planeten von der Sonne, wobei sie die Distanz Sonne – Erde als 10 zugrunde legten. Die sich ergebende Gesetzmäßigkeit (später auch für die neuentdeckten Planeten ergänzt) läßt sich auf zweierlei Weise ausdrücken und ist in den beiden ersten Spalten der folgenden Tabelle dargestellt:

Planet	Entfernung nach Titius-Bode		Vorschlag von Rookes
Merkur	0 + 4 = 4	$4 + 0 \cdot 3$	1/16 P u. 1/10 A
Venus	3 + 4 = 7	$4 + 1 \cdot 3$	1/7
Erde	6 + 4 = 10	$4 + 2^1 \cdot 3$	1/5
Mars	12 + 4 = 16	$4 + 2^2 \cdot 3$	1/3
Asteroiden	24 + 4 = 28	$4 + 2^3 \cdot 3$	
Jupiter	48 + 4 = 52	$4 + 2^4 \cdot 3$	1
Saturn	96 + 4 = 100	$4 + 2^5 \cdot 3$	2
Uranus	192 + 4 = 196	$4 + 2^6 \cdot 3$	4
Neptun	301		6
Pluto	384 + 4 = 388	$4 + 2^7 \cdot 3$	6 P u. 10 A

Die beiden Formen der Titius-Bode-Reihe enthalten faktisch den gleichen harmonikalen Kern, nämlich eine Oktavreihe der Duodezime eines angenommenen Grundtones. Diese Reihe ist im ersten Fall direkt erkennbar in der Ziffernfolge 3, 6, 12, 24 usw., die durch Verdoppelung jedes Wertes gebildet wird; Verdoppelung (Multiplikation mit 2) aber bedeutet Oktavieren. Im zweiten Fall ist das Oktavieren klar erkennbar in den Zweierpotenzen; da aber jede dieser Zweierpotenzen mit 3 multipliziert werden muß, ergeben sich die gleichen Werte wie im ersten Fall. Diese Multiplikation mit 3 ist es auch, die zur Duodezime führt; denn die mit 1 (= 2°) beginnende Reihe der Zweierpotenzen würde ja nur Oktaven des Grundtones (als c angenommen) erbringen, Multiplikation mit 3 aber führt vom Grundton (der hier wiederum angenommenen Obertonreihe) zu dessen Duodezime g (3. Partialton), und um dessen höhere Oktaven handelt es sich weiterhin (6., 12., 24. usw. Partialton).

Nun muß jedoch beachtet werden, daß diese Reihenentwicklung nur ein Annäherungsverfahren mit akustisch-musikalischer Struktur ist, das aber doch bei den entfernteren Planeten zunehmend ungenau wird. Deshalb wurde von D. Rookes ([92])[12] der Vorschlag gemacht, nicht die Sonne-Erde-Distanz als Bezugsmaß zu wählen, sondern die Periheldistanz von Jupiter zur Sonne (= 1). Es ergeben sich dann genauere Werte, die wir in der 3. Spalte unserer Tabelle wiedergegeben haben; bei Merkur und Pluto sah sich Rookes gezwungen, wegen der großen Exzentrizitäten beider Planeten die Perihel- und Aphelwerte anzugeben. Das Ergebnis ist aber wiederum ein harmonikales, da sich – von c = 1 ausgehend – sämtliche Werte exakt als Töne angeben lassen:

1/16	1/10	1/7	1/5	1/3	1	2	4	6	10
c,,,,	as,,,	d,,	as,,	f,	c	c'	c"	g"	e"

[12]Für diese Mitteilung dankt der Verfasser Prof. Dr. L. Jaenicke, Köln.

Musikalisch ist diese Reihe deshalb besonders interessant, weil die unter dem Grundton c liegenden Töne überwiegend den Molldreiklang (f, as, c) bilden, während die über dem Grundton liegenden ausschließlich den Durdreiklang (c, e, g) darstellen. Also ein Ergebnis, das dem der Kepler-Warrainschen Analyse der Aphel- und Perihelwinkel der Planeten im Prinzip sehr ähnelt.

Während die Titius-Bodesche Reihe ein sehr geläufiges astronomisches Gesetz ist, dürfte weit weniger bekannt sein, daß auch mit einem anderen Verfahren – das allerdings auch nur ein Annäherungsverfahren ist – die mittleren Abstände der Planeten untersucht worden sind. Es handelt sich um die von dem Kristallographen Victor Goldschmidt entwickelte Methode der Complication ([18]), durch die dieser – abgesehen von seinen Verdiensten als Kristallograph – bekannt wurde ([8] S. 455) und die er nicht nur auf Kristalle, sondern u. a. auch auf die Planeten anwendete. Goldschmidt glaubte nämlich, mit diesem Verfahren ein umfassendes, allgemeingültiges Naturgesetz entdeckt zu haben, das er mit tatsächlich verblüffenden Übereinstimmungen auf den verschiedensten Gebieten nachzuweisen versuchte. Die sich ergebende Gesetzmäßigkeit ist aber ebenfalls eine harmonikale, da stets solche Zahlen (und Brüche) auftreten, die auch als Intervalle aufgefaßt werden können. Goldschmidt hat dies auch ganz klar erkannt, er dachte wie Kepler durchaus harmonikal und war mit seinen Schriften einer der Wegbereiter Hans Kaysers ([33] S. 53 ff.). Interessant ist, daß er es als Naturwissenschaftler unternahm, eine zweibändige Musiklehre ([23]) zu schreiben, die freilich manche Fragwürdigkeiten enthält.

Das Verfahren der Complication besteht darin, daß die naturgegebenen Werte (z) eines durch klare Grenzen (z_1 und z_2) gekennzeichneten Systems mit einer Formel aufeinander bezogen werden, durch welche sich neue Werte (p) ergeben, die dann zu mathematischen Folgen zusammengestellt werden. Die Formel lautet:

$$p = \frac{z - z_1}{z_2 - z}$$

Goldschmidt hat in verschiedenen Schriften ([19], [21]) diese Formel auf die Planeten, deren Trabanten und auf die Asteroiden (Planetoiden) angewendet und auch kurz vor seinem Tod noch den neuentdeckten Planeten Pluto in diese Untersuchungen einbezogen ([24]). Er wendet seine Complications-Formel dabei unterschiedlich an, d. h., er wählt jeweils unterschiedliche Bezugssysteme, wobei fast immer die Sonne die eine Grenze ist, keineswegs jedoch immer der Weltenraum (∞) die andere. So gewinnt er z. B. die p-Werte für die kleineren Planeten aus dem ›System‹ Sonne – Jupiter, und die Planetoiden untersucht er sogar auf dreierlei verschiedene Weisen (mit Sonne – Jupiter, Mars – Jupiter und Erde – Jupiter als Begrenzungen). Welche Gründe auch immer er dafür gehabt hat, braucht uns hier nicht zu interessieren, da wir uns damit begnügen wollen, die Ergebnisse, also die p-Werte, aufzuzeigen.

Diese lauten für die mittleren Abstände der großen Planeten:

	Sonne	Jupiter	Saturn	Urnus	Neptun	Pluto	Weltraum
p	0	1/2	1	2	3	4	∞

Für die mittleren Abstände der kleinen Planeten ergeben sich:

	Sonne	Merkur	Venus	Erde	Mars	Jupiter
p	0	1/2	1	3/2	3	∞

Im ersten Fall entspricht dies einer Tonreihe c, c c' g' c'', im zweiten Fall der (transponierten) Tonfolge c, c g g'. Wir wollen nun ohne weitere Diskussion der einzelnen Ansätze und der Töne die weiteren Ergebnisse tabellarisch wiedergeben, da sich so am besten die gesetzmäßigen Übereinstimmungen zeigen lassen:

Große Planeten		1/2		1		2	3	4		
Kleine Planeten	1/3		2/3	1		2				
Planetoiden (Sonne – Jupiter)	1/3		2/3	1		2	3	4	5	6
Planetoiden (Mars – Jupiter)		1/2	2/3	1		2				
Planetoiden (Erde – Jupiter)		1/2	2/3	1						
Jupiter-Trabanten		1/2	2/3	1		2				
Uranus-Trabanten		1/2	2/3	1	3/2					
Saturn, innere Trabanten		1/2	2/3	1	3/2	2				
Saturn, äußere Trabanten				1	6/5		3			
Erdmond				1						

(Die Grenzwerte 0 und ∞ wurden in allen Fällen weggelassen.)

Die Ähnlichkeit der einzelnen Reihen tritt klar vor Augen, und daß es sich wieder ausnahmslos um Intervallproportionen handelt, ist evident. Nur können wir diesmal nicht die Reihen gemeinsam mit gleichen Tönen bezeichnen, da trotz gleicher Zahlen bedacht werden muß, daß jede Reihe auf ein anderes Bezugssystem zurückgeht, also sozusagen eine eigene Tonalität oder Tonart hat. Nur in didaktischer Absicht könnte man die angeführten Werte auf einen gemeinsamen Grundton beziehen, der aber eben fiktiv ist, um so den musikalischen Zusammenhang zu verdeutlichen; das sähe dann so aus:

1/3	1/2	2/3	1	3/2	6/5	2	3	4	5	6
f,,	c,,	f,	c	g	es	c'	g'	c"	e"	g"

Auffällig aber ist eben, daß auch bei Wechsel des Bezugssystems immer wieder die einfachsten Intervallproportionen auftreten. Diese Tatsache muß schon auf einen tieferen Zusammenhang in der Natur zurückgeführt werden, wie Goldschmidt ja annimmt. Und daß dieser gegeben ist, hat schließlich Kepler bewiesen mit seiner Entdeckung der akustisch-musikalischen Aufbaugesetze des Sonnensystems. Die musikalische Strukturierung ist eben derart umfassend (was ja auch aus Warrains Tabelle hervorgeht!), daß, gleichgültig von welchem Punkt aus Vergleiche angestellt werden (wie es Goldschmidt tut), immer wieder einfache musikalische Gegebenheiten zum Vorschein kommen.

Nach Darstellung der wichtigsten Ergebnisse, die in Anknüpfung an Keplers Beweis einer dem Sonnensystem innewaltenden harmonikalen Gesetzmäßigkeit zustande gekommen sind, muß nun noch die Fülle der einzelnen Fakten gegen einen häufig vorgebrachten Einwand abgesichert werden. Es wird nämlich immer wieder darauf hingewiesen, daß ja die Planetenintervalle nicht ganz exakt seien, daß streng genommen auch die Bahnen der Planeten keine Ellipsen, sondern alle diese Grundgesetze eigentlich nur idealisierte Vorstellungen seien, von denen infolge der gegenseitigen Störungen der Planeten in Wirklichkeit beträchtliche und wechselnde Abweichungen zu verzeichnen sind. Dieser Tatbestand ist grundsätzlich selbstverständlich richtig, und wir haben daher auch bei Titius-Bode, Rookes und Goldschmidt gleich darauf verwiesen, daß es sich da um Annäherungen handle. Andererseits aber hat Warrain 1942 klar bewiesen, daß die Veränderungen der Aphel- und Perihelwinkel seit Keplers Messungen derart gering sind, daß kaum Korrekturen notwendig waren – ganz abgesehen davon, daß mit Hilfe dieser neuen Werte eine ganz beträchtliche Erweiterung des Keplerschen Intervallsystems möglich war. Aber auch Kepler selber war sich der Tatsache vollauf bewußt, daß seine Intervallproportionen keineswegs immer völlig exakt waren ([74] S. 301), und er diskutiert diese Abweichungen ganz offen gerade im Anschluß an die von uns als Kern des 5. Buches herangezogene Tabelle.

Zu diesen Ungenauigkeiten, Abweichungen, Veränderungen ist aber ganz allgemein einiges zu sagen. Dazu zunächst ein Gedankenexperiment: Wir lassen im selben Augenblick eine Eisenkugel und ein Blatt Papier aus gleicher Höhe fallen und sehen, daß das Blatt Papier wesentlich später den Erdboden erreicht als die Eisenkugel. Wie ist das möglich, da doch dem Fallgesetz zufolge alle Körper gleich schnell fallen müßten? Die Antwort ist klar: Der Luftwiderstand und die für diesen besonders wirkungsvolle Form des Papierblattes bewirken den Zeitunterschied. Jedoch: aufgehoben ist auch beim fallenden Papierblatt das Fallgesetz deshalb keineswegs, nur wirkt es nicht mehr so leicht erkennbar wie im Falle der Eisenkugel; das Fallgesetz wurde beeinflußt durch andere mitwirkende Gesetze, und das Niederfallen des Blattes ist schließlich eine Resultierende aus allen beteiligten Gesetzen – mithin also auch dem Fallgesetz. Was wir sagen wollen ist klar, daß nämlich das Hinzukommen anderweitiger Einflüsse (Störungen) ein bestehendes Gesetz deshalb nicht ungültig macht, aus der Welt schafft, ersetzt, sondern nur Modifikationen, Variationsbreiten usw. erzeugt, deren Subtraktion das betreffende Gesetz wieder rein zutage fördern würde. Hans Kayser hat für solche Fälle die Unterscheidung von Norm und Gesetz vorgeschlagen und in seine harmonikalen Betrachtungen eingeführt ([68] S. 266); Normen sind die fundierenden Grundprinzipien, Gesetze die hinzutretenden, auf die Normen modifizierend einwirkenden, anderweitigen Naturgesetze. Normen sind daher auch die elliptischen Formen der Planetenbahnen, die gegenseitigen Störungen der Planeten aber verändern diese Bahnen laufend, ohne dadurch die Tatsache der zugrunde liegenden Norm zu eliminieren. In dieser Weise könnten daher auch die von Kepler entdeckten Intervallgesetze interpretiert werden, obschon Warrains Forschungen nahelegen, daß dies zur Zeit noch kaum notwendig ist, da nach rund 320 Jahren (die *Harmonices mundi libri V* erschienen 1619 in Linz) nur geringfügige Veränderungen zu verzeichnen waren.

Anders verhält es sich mit den schon bei Kepler vorhandenen und von ihm diskutierten, übrigens auch bei Warrain vorzufindenden Abweichungen vom exakten Proportionswert als einer offenbar grundsätzlichen Erscheinung. Die naturwissenschaftliche Betrachtungsweise geht in solchen Fällen darauf aus, die betreffende Abweichung genauestens zu erfassen, zu begründen, zu diskutieren, und da es überall in der Natur kaum reine Normen gibt, vielmehr überwiegend dynamische Variationsbreiten, kommt dieser Fehlersuche ein breiter Raum zu, so daß die Naturwissenschaftler über diesen Feststellungen häufig die Norm selbst aus den Augen verlieren oder als so selbstverständlich betrachten, daß man sie kaum noch erwähnt. So entsteht dann auch die Redensart von den bloß ideellen Planetengesetzen, Intervallproportionen usw.!

Hier gilt es nun auf eine Eigenschaft unseres Gehörs hinzuweisen, die deshalb in die Betrachtung einbezogen werden darf, weil es sich ja tatsächlich um hörbare Gesetze handelt – besser gesagt um hörbar gemachte, da ja die Transposition in den Hörbereich vorher erfolgen muß, was aber für jeden Musiker eine Selbstverständlichkeit ist, da der Toncharakter von Oktave zu Oktave identisch wiederkehrt (von Verzerrungserscheinungen an den Grenzen des Hörbereichs, wie z. B. dem mel-Effekt, kann abgesehen werden, da sie auf der Nichtlinearität des Gehörs beruhen). Das menschliche Gehör ist nun nicht nur physiologisch in höchst sinnvoller Weise auf die uns vertrauten Grundlagen der Musik (Intervallproportionen, Konsonanz-Dissonanz-Unterscheidung, Zwölfstufigkeit, Dur usw.) ausgerichtet, wie neueste Erkenntnisse beweisen ([37]), vielmehr erfolgt auch vom Psychisch-Unbewußten her eine Ergänzung dieser Gehörsdisposition. Auch dieser unbewußte Bereich weiß etwas von den Intervallproportionen und ist in entscheidender Weise am vielschichtigen und komplexen Vorgang des Musikhörens beteiligt ([36] S. 41). Vor allem aber – und damit kommen wir zu der hier wichtigsten Feststellung – vermag diese psychische Disposition allenfalls auftretende Abweichungen, Verstimmungen also vor allem, unbewußt zu korrigieren. Man bezeichnet diese Eigenschaft seit Euler als Zurechthören, und neuere informationstheoretische Untersuchungen haben ergeben, daß dieser unbewußte Ausgleich bis zu 40% eines Halbtonschrittes betragen kann! ([15])

Marginalien zum dritten Keplerschen Gesetz

Es ist ein noch heute verbreiteter Irrtum, daß Keplers drittes Planetengesetz für ihn Hauptinhalt seiner Harmonices mundi libri V war, deren eigentliches, den harmonikalen Beweis der Weltharmonie betreffendes Anliegen andererseits meistens unterbewertet wird. In Wahrheit verhält es sich umgekehrt: Die von Kepler dargestellte akustisch-musikalische Planetenharmonie ist eine Tatsache, und das dritte Planetengesetz wurde erst ganz spät von Kepler eingefügt und dient hier lediglich als Mittel zum Zweck einer geistigen Krönung seiner Beweisführung.

Im August 1970 fanden Gespräche mit Mitarbeitern der Kepler-Kommission der Bayerischen Akademie der Wissenschaften über ein bisher offensichtlich noch ungeklärtes Problem aus Keplers *Weltharmonik* statt, an die die folgenden Marginalien anknüpfen. Diese Gespräche bildeten außerdem den Ausgangspunkt einer Arbeit von Volker Bialas über das dritte Planetengesetz. ([6])

Es ist eine noch nicht genug beachtete Tatsache, daß Johannes Keplers Lebenswerk einseitig und zum Teil sogar falsch tradiert worden ist. Seit Laplace ([82]) sieht man in Kepler ausschließlich den großen Mathematiker und Naturwissenschaftler, den Entdecker der drei nach ihm benannten Planetengesetze, während man seine *Harmonices mundi libri V* (deutsch [74]) ignorierte, fehlinterpretierte, bestenfalls entschuldigen zu müssen vermeinte. Die Überlieferungsgeschichte der Keplerschen Lehren ist daher voll von Kuriositäten und Irrtümern, und erst den Forschungen Max Caspars ([74]) innerhalb der Edition der Gesammelten Werke und den harmonikalen Untersuchungen von

Hans Kayser ([63], [67]) ist es zu verdanken, daß die notwendigen Korrekturen erfolgten. Denn natürlich verhielt es sich mit Kepler ja ganz anders: Er strebte von Anbeginn an nach dem Beweis der legendären Lehre von der Weltharmonie, und sein erstes wissenschaftliches Werk, das berühmte *Mysterium cosmographicum* (deutsch [70]), gibt davon in beredter Weise Zeugnis. Dieses Streben gipfelte schließlich in den *Harmonices mundi libri V*, wo ihm der erhoffte Beweis tatsächlich glückte und ihm der – auch heute noch gültige! – Nachweis einer akustisch-musikalischen Gesetzmäßigkeit in den Planetenbahnen gelang. Kepler hat wiederholt und eindeutig dieses Buch als die Vollendung seines Lebenswerkes bezeichnet und offen gesagt, daß seine anderen Arbeiten gleichsam nur auf dem Wege zu diesem Ziel erfolgt seien und daß er nach Prag zu Tycho Brahe ebenfalls vorwiegend mit der Absicht ging, bei diesem die besten Unterlagen für seinen erstrebten Beweis vorzufinden. Wir haben darüber an anderen Stellen ausführlich gesprochen und auch die vorhandenen Belege zusammengestellt ([35]), so daß wir dies hier nicht nochmals zu tun brauchen. Wir wollen vielmehr aus diesem Zusammenhang ein einzelnes Thema herausgreifen, das bisher noch nicht behandelt wurde und das uns zudem eine weitere Klärung des Keplerschen Schaffens bringen wird.

Es darf als bekannt gelten, daß Kepler sein drittes Planetengesetz im 5. Buch der *Weltharmonik* ([74] S. 291; so übersetzte Caspar vorzüglich den Titel der *Harmonices mundi libri V*) veröffentlichte, also inmitten der Beweisführung für die musikalischen Planetengesetze. Dieser Umstand hat nun im Zusammenhang mit der Entstellung von Keplers Lebenswerk zu der Meinung geführt, daß dieses dritte Gesetz der wichtigste Inhalt der Weltharmonik überhaupt sei, während man die weiteren Ausführungen dieses Werkes meistens nicht weiter beachtet hat. Man beruft sich zur Unterstützung dieser Meinung auch in durchaus seriöser Kepler-Literatur vor allem auf den Ausspruch Keplers in der Vorrede zum 5. Buch der *Weltharmonik*, wo es heißt:

»... Ich überlasse mich heiliger Raserei. Ich trotze höhnend den Sterblichen mit dem offenen Bekenntnis: Ich habe die goldenen Gefäße der Ägypter geraubt, um meinem Gott daraus eine heilige Hütte einzurichten, weitab von den Grenzen Ägyptens.« ([74] S. 280)

Dieser Jubelruf sei, so liest man, Keplers Entzücken über die Entdeckung des dritten Planetengesetzes. Wir finden diese Meinung 1909 bei Ludwig Günther ([26] S. 84), dann 1932 bei Andreas Speiser ([97] S. 125) und schließlich noch 1964 bei Ernst Bindel ([7] S. 64), doch sind dies sicherlich nicht die einzigen Belege für den genannten Sachverhalt. Wenn man nun Keplers Werk näher in Augenschein nimmt, so entdeckt man, daß das erwähnte Zitat zunächst in keinem direkten Zusammenhang mit dem dritten Gesetz steht. Dieses nämlich wird erst elf Seiten später erwähnt, und diese Trennung der beiden Textstellen wird befremdlicherweise in den genannten Quellen verschwiegen!

Das dritte Planetengesetz hat bei Kepler den Wortlaut: »Allein es ist ganz sicher und stimmt vollkommen, daß die Proportion, die zwischen den Umlaufszeiten zweier Planeten besteht, genau das Anderthalbe der Proportion der mittleren Abstände, d. h. der Bahnen selber ist.« Diese Worte aber stehen im dritten Kapitel des 5. Buches, in welchem er 13 ›Hauptsätze der Astronomie‹ anführt, die für ihn notwendige Voraussetzungen für die Darlegung und den sich anschließenden Beweis der musikalischen Harmonien in den Bewegungen der Planeten sind. Unter diesen 13 Hauptsätzen aber ist das dritte Planetengesetz der achte Hauptsatz. Und das besagt eben – rein formal betrachtet –, daß dieses berühmte Gesetz zusammen mit anderen astronomischen Fakten nur als Mittel zum Zweck dient. So richtig diese Feststellung ist, so müssen nun doch einige weiterführende Differenzierungen vorgenommen werden.

Kepler hat nämlich das sogenannte dritte Gesetz (das natürlich erst später so benannt wurde!) tatsächlich aus der

Folge der anderen astronomischen Hauptsätze herausgehoben, und zwar dadurch, daß er es mit der Angabe von Daten versehen hat. Er schreibt, daß am 8. März 1618 die Idee dieses Gesetzes in seinem Kopf aufgetaucht sei, er sie aber zunächst als falsch verwarf, bis ihm schließlich am 15. Mai eine neue Erleuchtung kam, die schließlich zur Formulierung des Gesetzes führte. Interessant ist aber, warum Kepler diese Angaben macht – keineswegs nämlich, weil er diese Entdeckung für die wichtigste oder eine der wichtigsten seines Lebens erachtet (obschon sich dies faktisch so verhält!). Vielmehr deshalb, weil ihm dieses Gesetz den Beweis für eine offen gebliebene Frage bringt, die er, wie er genau angibt ([74] S. 385, Anm. zu S. 291 (1)), vor 22 Jahren in seinem *Mysterium cosmographicum* nicht beantworten konnte und die ihn seither offenbar quälte. Und so scheint sich auch an dieser Stelle zu bestätigen, daß dieses dritte Planetengesetz für die *Weltharmonik*, ja vielleicht sogar für Kepler überhaupt, nicht jene Bedeutung hatte, die wir ihm heute mit vollem Recht zuerkennen müssen.

Aber da ist nun doch ein merkwürdiger Zusammenhang mit jenem Jubelruf in der Vorrede zum 5. Buch. Die Daten, die Kepler angegeben hat, stellen ihn nämlich, wie Caspar angemerkt hat ([74] S. 383, Anm. zu S. 280 (1)), her; denn auch in der Vorrede, und zwar unmittelbar vor dem mitgeteilten Zitat, stehen Zeitangaben: »Jetzt, nachdem vor achtzehn Monaten das erste Morgenlicht, vor drei Monaten der helle Tag, vor ganz wenigen Tagen aber die volle Sonne einer höchst wunderbaren Schau aufgegangen ist, hält mich nichts zurück.« ([74] S. 280)

Was aber besagen diese Angaben? Die *Weltharmonik* trägt am Schluß des 5. Buches, vor der als Anhang beigegebenen Auseinandersetzung mit Ptolemaeus und Robert Fludd, folgenden Vermerk:

»Ende. Dieses Werk wurde am 17. / 27. Mai des Jahres 1618 vollendet. Das V. Buch aber wurde (während der Druck voranschritt) bis zum 9. / 19. Februar 1619 noch einmal überprüft. In Linz, der Hauptstadt von Österreich ob der Enns.« ([74] S. 356)

Die sicherlich richtige Annahme Caspars, daß die Angaben in der Vorrede diese Daten der Fertigstellung betreffen, bezieht die Formulierung »vor wenigen Tagen« ohne Zwang auf jenen 15. Mai, an welchem Kepler die Endfassung des dritten Planetengesetzes glückte, und die Worte »vor drei Monaten« könnten tatsächlich auf den 8. März führen, was real nicht ganz stimmt, doch zählt Kepler offenbar die Monate März, April, Mai summarisch. Lediglich die Angabe »vor achtzehn Monaten« bleibt ungeklärt. Jedenfalls ist damit nahegelegt – und eine Alternative existiert offenbar nicht –, daß Kepler sich in der Vorrede tatsächlich auf die Entdeckung des dritten Planetengesetzes beruft und daß der nachfolgende Jubel sich wirklich auf dieses Ereignis beziehen ließe.

Freilich ist auch damit noch nicht alles geklärt; denn es bleibt ja doch verwunderlich, daß dieser Gefühlsausbruch wirklich nur dem dritten Gesetz gelten soll, das de facto in diesem Buch keine dominierende Rolle spielt. Aber noch andere Bedenken kommen hinzu. Wenn Kepler am 15. Mai 1618 das dritte Gesetz fand und wir einmal annehmen wollen, daß dieses Gesetz eine diesem Jubelruf entsprechende Bedeutung für die *Weltharmonik* bzw. deren 5. Buch haben sollte, wie ist es dann zu erklären, daß dieses Buch dennoch bereits am 27. Mai vollendet wurde? Kann Kepler denn überhaupt in so kurzer Zeit diesen so ungeheuer wichtigen und auch komplizierten Inhalt errechnet und formuliert haben? Mehr noch: Muß denn nicht angenommen werden, daß ein Autor, der ein riesiges Buch in fünf Teilen schreibt und diese Teile bereits in Druck gehen läßt, nicht den Schluß des Buches, den alles krönenden Beweis, auf den alles Vorhergehende doch hinführt, kennen müßte? Es ist doch wirklich einfach nicht logisch, daß dieser ganze, den Hauptinhalt der *Weltharmonik* bildende Schlußteil erst auf Grund der Entdeckung des dritten Gesetzes in wenigen Tagen entstanden sein könnte! Hier taucht also ein Rätsel auf, dessen Lösung nicht einfach erscheint.

Es kommt noch ein Umstand hinzu. Die Vorrede zum 5. Buch in der Weltharmonik hatte für Kepler noch eine ganz besondere Funktion. Er ließ nämlich den ersten Bogen, der vor allem die Vorrede enthielt, gesondert drucken und verschickte diese Drucke längere Zeit vor Erscheinen des ganzen Buches als Ankündigung oder Rechtfertigung, wie u. a. aus einem Brief Keplers an Hafenreffer vom 28. November 1618 hervorgeht, in dem es heißt:

»Ich habe hier etwas übriges getan, um das Buch bekannt zu machen und recht viele zum Lesen einzuladen. Ich bitte Euch, gebt die Exemplare Euren Buchhändlern, damit sie dieselben öffentlich anheften ...« ([12] Bd. 2, S. 108)

Das Vorwort diente also als Werbung für ›das Buch‹, mußte daher auch ohne Kenntnis von dessen Inhalt verständlich und sinnvoll sein – wie aber sollte dies möglich sein, wenn ein beträchtlicher Teil seines Inhaltes, mehr als ein Fünftel nämlich, sich nur speziell auf das dritte Gesetz bezogen hätte, was aus dem Wortlaut ohnedies nicht zu entnehmen war!

In der Tat bezieht sich diese Vorrede auch auf das ganze Buch. Sie gibt an, daß es »nach Erledigung meiner astronomischen Aufgabe« endlich die Lösung des Problems der Weltharmonie enthalte, die Kepler veranlaßt habe, »den besten Teil meines Lebens astronomischen Studien zu widmen, Tycho Brahe aufzusuchen und Prag als Wohnsitz zu wählen« – diese Lösung also habe er »endlich ans Licht gebracht.« Kepler bezieht sich dann eingehend auf die Harmonik des Ptolemaeus, der gleichsam sein erfolgloser Vorgänger in dieser Hinsicht war, dessen Schrift er aber erst während der Arbeit an der *Weltharmonik* zur Kenntnis nahm, so daß die Grundgedanken seines Werkes unbeeinflußt von Ptolemaeus entstanden. Und wörtlich fährt Kepler hier fort bis zum Schluß:

»Es liegt ein Fingerzeig Gottes darin, um mit den Hebräern zu reden, daß im Geist von zwei Männern, die sich ganz der Betrachtung der Natur hingegeben hatten, der gleiche Gedanke an die harmonische Gestaltung der Welt auftauchte; denn keiner war Führer des andern beim Beschreiten dieses Weges. Jetzt, nachdem vor achtzehn Monaten das erste Morgenlicht, vor drei Monaten der helle Tag, vor ganz wenigen Tagen aber die volle Sonne einer höchst wunderbaren Schau aufgegangen ist, hält mich nichts zurück. Jawohl, ich überlasse mich heiliger Raserei. Ich trotze höhnend den Sterblichen mit dem offenen Bekenntnis: Ich habe die goldenen Gefäße der Ägypter geraubt, um meinem Gott daraus eine heilige Hütte einzurichten weitab von den Grenzen Ägyptens. Verzeiht ihr mir, so freue ich mich. Zürnt ihr mir, so ertrage ich es. Wohlan ich werfe den Würfel und schreibe ein Buch für die Gegenwart oder die Nachwelt. Mir ist es gleich. Es mag hundert Jahre seines Lesers harren, hat doch auch Gott sechstausend Jahre auf den Beschauer gewartet.« ([74] S. 279 f.)

Liest man unvoreingenommen den Text im Zusammenhang, wird es klar, daß der Inhalt nur auf das ganze Buch gemünzt sein kann, und auf dessen Vollendung und Inhalt bezieht sich natürlich Keplers Jubel – die Worte »und schreibe ein Buch für die Gegenwart oder die Nachwelt« bekräftigen dies vollends. Und die aus dem 2. Buch Mosis bezogene Anspielung auf die goldenen Gefäße der Ägypter ([74] S. 383, Anm. zu S. 280 (1)) erweist sich als ein weiterer Hinweis auf den Ägypter Ptolemaeus, von dem er sich gleichzeitig distanziert (»weitab von den Grenzen Ägyptens«), womit symbolisch hier wiederholt wird, was er zuvor in klarer Sprache bereits zum Ausdruck gebracht hatte. Auf das dritte Gesetz beziehen sich daher allein die Worte: »Jetzt, nachdem vor achtzehn Monaten das erste Morgenlicht, vor drei Monaten der helle Tag, vor ganz wenigen Tagen aber die volle Sonne einer höchst wunderbaren Schau aufgegangen ist.« Das dritte Gesetz wird also lediglich beiläufig erwähnt, und auch nur indirekt, insofern mitgeteilt wird, daß ihm da »irgendeine« Entdeckung noch zu einer letzten Erleuchtung verholfen habe.

Freilich kann – und soll auch gar nicht – abgestritten werden, daß dieses dritte Gesetz für Keplers *Weltharmonik* doch eine wesentliche Bedeutung gehabt haben muß, sonst hätte er diese Datenverbindung ja nicht ausdrücklich in die Vorrede aufgenommen. Dem widerspricht aber die erwähnte Tatsache, daß dann fast das ganze Buch und damit die Lösung des Problems der Weltharmonie spät und noch dazu in kurzer Zeit hätte konzipiert werden müssen. Hier helfen uns nun Untersuchungen weiter, die glücklicherweise inzwischen von Volker Bialas angestellt worden sind und aus denen die wahre Bedeutung des dritten Gesetzes für das 5. Buch der Weltharmonik hervorgeht. ([6] S. 3)

Demzufolge ist es so, daß die Entdeckung und der Beweis der musikalischen Planetenharmonien, die ja den weitaus größten Teil des 5. Buches füllen und das wahre Kernstück der *Weltharmonik* darstellen, tatsächlich ohne das dritte Gesetz gefunden werden konnten, so daß also bereits ein umfangreiches Manuskript für das 5. Buch existiert haben dürfte, als Kepler das dritte Gesetz entdeckte. Und er hätte durchaus auch ohne diese Entdeckung das Werk vollenden und herausgeben können. Auf die Fertigstellung dieses (ersten) Manuskriptes bezieht sich ohne Zwang die Angabe des Datums 17. / 27. Mai 1618. Danach muß Kepler das dritte Kapitel eingefügt haben, da es, wie Bialas meint, in sich so geschlossen ist, daß nicht nur das dritte Gesetz allein nachgetragen worden sein kann – zumindest muß eine Umarbeitung des dritten Kapitels angenommen werden. Später eingefügt oder beträchtlich erweitert wurde jedoch auch das neunte Kapitel, das längste der vorhandenen zehn; denn für dieses neunte Kapitel benötigte Kepler nun wirklich das dritte Planetengesetz! Dieses neunte Kapitel aber ist außerordentlich wichtig, da es die wissenschaftliche und philosophische Zusammenfassung der Ergebnisse enthält, und das dritte Gesetz ermöglicht es Kepler, hier noch zu weiterreichenden und gewichtigeren Schlußfolgerungen zu kommen, zu einer letzten Vollendung sozusagen zu gelangen, wie sie ohne dieses Gesetz nicht möglich gewesen wäre.

In diesem neunten Kapitel ([74] S. 316 ff.) unternimmt Kepler nämlich einen Vergleich der Ergebnisse seiner *Weltharmonik* mit dem im *Mysterium cosmographicum* dargestellten ersten Modell einer Weltharmonie; er diskutiert noch einmal die gefundenen Intervallproportionen durch, bezieht sie jeweils auf den betreffenden Platonischen Körper, der im *Mysterium cosmographicum* an der betreffenden Stelle eingeordnet war und begründet, warum gerade diese oder jene Abweichung von dem ersten Modell auftreten mußte. Denn Kepler betrachtet das Gefüge aus Platonischen Körpern und Planetensphären sozusagen als ›Infrastruktur‹ der Weltharmonie, wie F. Warrain formulierte ([103] Bd. 2, S. 135), als Annäherungslösung, wie wir auch sagen könnten. Kepler freilich sieht das Ganze in anderer Perspektive, und auch das kommt in diesem neunten Kapitel erst in voller Deutlichkeit zum Vorschein.

Schon in der Einleitung zu diesem Kapitel stehen die bezeichnenden Worte: »Daher folgt, daß der Schöpfer, der Quell jeglicher Weisheit, der ständige Wahrer der Ordnung, der ewige überwesentliche Ursprung der Geometrie und Harmonik, daß, sage ich, dieser himmlische Werkmeister höchstselber die harmonischen Proportionen, die sich aus den ebenen regulären Figuren ergeben, mit den fünf räumlichen regulären Figuren verbunden hat, um aus den beiden Figurenklassen ein einziges, vollkommenstes Urbild des Himmels zu formen ... Es mußten die größeren Proportionen der Bahnen sich zugunsten der kleineren Proportionen der zur Herstellung der Harmonien erforderlichen Exzentrizitäten eine leichte Änderung gefallen lassen, und umgekehrt mußten aus den harmonischen Proportionen in erster Linie jene den Planeten angepaßt werden, die jeweils mit der räumlichen Figur die größte Verwandtschaft haben, soweit dies mit den Harmonien möglich war.« ([74] S. 317)

Kepler betrachtet die Harmonie der Welt also mit den Augen des Schöpfers, der die Welt gestaltet und dessen Plan, dessen Absichten daher die entdeckte Weltharmonik entspricht. Auch die Abweichungen von der geometrischen Struktur der Platonischen Körper muß daher ein ausdrücklicher Wunsch Gottes gewesen sein, und Kepler begründet ihn damit, daß für den Schöpfer offensichtlich »der harmonische Schmuck vor dem einfachen geometrischen den Vorrang« ([74] S. 348) habe. Das aber besagt nichts anderes, als daß Kepler die – von ihm entdeckte – elliptische Gestalt der Planetenbahnen für eine notwendige Folge der Absicht Gottes erachtet, dem Sonnensystem eine musikalische Harmonie zu verleihen, die mit kreisförmigen Bahnen nicht zu erzielen gewesen wäre! Und daher hat dieses neunte Kapitel bereits die Überschrift: »Daß die Exzentrizitäten bei den einzelnen Planeten ihren Ursprung in der Vorsorge für die Harmonien zwischen ihren Bewegungen haben.«

Das neunte Kapitel offenbart vor allem auch Keplers Denkweise nachdrücklich, die, wie aus dem Zitierten klar hervorgeht, hier final ist: Die Gesamtgestalt unseres Planetensystems entstand mit dem Ziel, eine musikalische Harmonie zu schaffen. Auf diese finale Methode Keplers hat neuerdings vor allem Walter Heitler aufmerksam gemacht mit dem interessanten Hinweis, daß Kepler mit ihr weiter gekommen sei als mit der bei Naturwissenschaftlern üblichen kausalen Betrachtungsweise; denn aus dem späteren Newtonschen Gravitationsgesetz läßt sich zwar kausal ableiten, daß die Bahnen der Planeten Ellipsen sein müssen, nicht jedoch ermitteln, welche unter den theoretisch unendlich vielen die realen sind; daß die realen durch harmonikale Gesetze bestimmt sind, führt also über die kausale Methode hinaus. ([49 b] S. 10)

Diese so wesentlichen Gedanken Keplers sind also mit Hilfe des dritten Planetengesetzes zustande gekommen, und es erscheint daher jetzt völlig richtig, daß er die Entdeckung des Gesetzes derart akzentuierte. Klar ist aber auch, weshalb er an der Stelle, wo er es im dritten Kapitel formulierte, so genau auf die offengebliebene Frage im *Mysterium cosmographicum* verwies. Es ging ihm eben nicht nur um die gefundene Antwort, sondern um weitaus mehr, nämlich um den mathematisch beweisbaren Sinn des seitdem erzielten Fortschrittes und um die Möglichkeit, die jetzt gefundene endgültige Lösung auf höherer Ebene zu diskutieren und damit seine Bemühungen gleichsam krönen zu können.

Wir sehen mithin deutlich, daß das dritte Planetengesetz in der Tat nicht der Hauptinhalt von Keplers *Weltharmonik* ist und daß daher der Jubel in der Vorrede keineswegs dessen Entdeckung allein gilt. Wohl aber war sich Kepler im klaren darüber, etwas für diese *Weltharmonik* Bedeutendes und ihre Ergebnisse Krönendes gefunden zu haben, so daß er sich zu einer Umarbeitung des 5. Buches entschloß. Das dritte Planetengesetz, dessen epochale Bedeutung wir heute mit vollem Recht betonen, war also für Kepler primär Mittel zum Zweck, zu dem ganz wesentlichen Zweck freilich, seiner eigentlichen, selbstgewählten Lebensaufgabe zu einem überhöhten Schluß zu verhelfen. Und in dem das neunte Kapitel beendenden Dankgebet an den Schöpfer stehen daher die Worte:

»Siehe, ich habe jetzt das Werk vollendet, zu dem ich berufen ward. Ich habe die Herrlichkeit Deiner Werke den Menschen, die meine Ausführungen lesen werden, geoffenbart, soviel von ihrem unendlichen Reichtum mein enger Verstand hat erfassen können.« ([74] S. 350)

Zur Kritik an Keplers Weltharmonik

Da in diesem Buch Aufsätze über die *Weltharmonik* von Kepler ([74]), die zum Teil schon vor längerer Zeit veröffentlicht wurden, erneut gedruckt werden, kann dies nicht geschehen, ohne auf kritische Anmerkungen zu diesem bedeutenden Werk des großen Astronomen und Mathematikers einzugehen, die unterdessen – und zum Teil auch schon viel früher – vorgebracht wurden. Es handelt sich dabei vor allen Dingen um jene von uns häufig verwendete Tabelle[13], in der Kepler ein ganzes System von musikalischen Proportionen aus den Winkelgeschwindigkeiten der Planeten ableitet ([74] S. 301). Wie er dabei vorgeht, wurde im jeweiligen Zusammenhang dargestellt, hier soll es sich nur um die Diskussion von Einwänden handeln.

Der Verfasser wurde wiederholt darauf aufmerksam gemacht, daß die von Kepler verwendeten und von Tycho Brahe stammenden empirischen Daten über die Planetenbahnen längst überholt seien, insbesondere durch ganz neue Werte, die aus Satellitenbeobachtungen stammen sollten. Da die diesbezüglichen Meinungsäußerungen nicht einheitlich waren, habe ich schließlich Prof. Dr. Volker Bialas von der Kepler-Kommission der Bayerischen Akademie der Wissenschaften um Aufklärung gebeten, und ich danke ihm herzlich für die Antwort und auch für weitere Hinweise, die mir hilfreich waren. Der Sachverhalt ist demnach der, daß die neuesten Angaben im Jahr 1977 in *The Cambridge Encyclopaedia of Astronomy* ([9] S. 161) veröffentlicht und seither in den einschlägigen Fachzeitschriften keine neuen Parameter bekanntgegeben wur-

[13] Vgl. Tabelle S. 50

den. Aus diesen Angaben geht hervor, daß sich die Werte, die Kepler verwendete, nicht verschlechtert haben (das betrifft natürlich nur die Winkel, da sich die realen Bahnwerte bekanntlich laufend ändern). Diese Feststellung stimmt überein mit den Ausführungen von Francis Warrain aus dem Jahr 1942 ([103]), der auf Grund damaliger Forschungsergebnisse Keplers Angaben ausführlich untersuchte und sogar meinte, die neuzeitlichen Werte seien noch genauer im Sinne Keplers. Geändert werden mußten die zur Bahn des Merkur gehörigen Proportionen, da zu Keplers Zeit die Bahn dieses Planeten nur unzureichend beobachtet werden konnte und außerdem ein weiteres Intervall (Mars und Jupiter betreffend). Gerade das hatte aber Kepler schon selber als kritisch erkannt. Da wir Warrains Ergebnisse ausführlich behandelt haben, muß hier nicht mehr gesagt werden.

Die soeben erwähnte kritische Bemerkung Keplers steht im Zusammenhang mit ausführlichen Äußerungen über die vorhandenen Abweichungen von den die musikalischen Intervalle kennzeichnenden einfachen Zahlenverhältnissen. Er gibt sie sehr genau in Proportionen an, so daß sich ein gutes Bild von den mehr oder minder großen Distanzen von der Norm ergibt. Man hat nun Kepler den Vorwurf gemacht, daß er dennoch diese Abweichungen vernachlässigt und stets nur von den in der Musiktheorie verwendeten einfachen Zahlenverhältnissen spricht. Wir müssen daher der Frage nachgehen, warum Kepler so handelt.

Der Schlüssel für eine Antwort wird uns von Kepler selbst gegeben, der unmittelbar nach seinen Ausführungen über die Abweichungen von den Intervallnormen folgendes sagt:

»Das sind also die Harmonien, die unter die Planetenpaare verteilt sind. Es gibt bei den Hauptverhältnissen[14] ... keines, das nicht so nahe an eine Harmonie herankäme, daß das Ohr, wenn Saiten in der entsprechenden Weise

[14]Damit meint Kepler die Aphel- und Perihelwinkeln desselben Planeten.

gespannt wären, die Unvollkommenheit nicht leicht unterscheiden könnte, ausgenommen allein jene Differenz bei Jupiter und Mars.« ([74] S. 303)[15]

Aus diesem Zitat geht hervor, daß Kepler ein Phänomen wohlbekannt war, das erst später wissenschaftlich genauer erforscht wurde. Wir meinen die erstmalig von Leonhard Euler beschriebene Tatsache, daß Abweichungen von der reinen Intervallintonation vom Gehör richtig zugeordnet, unbewußt korrigiert werden; diese Fähigkeit wird seither als ›Zurechthören‹ bezeichnet. Man wußte aber auch schon in der Antike von dieser ›Elastizität‹ der Intervallempfindung, und das ist Kepler ebenfalls bekannt. Er äußert sich darüber an anderer Stelle in seiner *Weltharmonik,* nämlich im 3. Buch, das der Musiktheorie gewidmet ist. Dort bringt er vor Beginn der eigentlichen musiktheoretischen Kapitel einen »Exkurs über die pythagoreische Vierheit« ([74] S. 89–92), aus der Feder des Humanisten Camerarius zitiert, und macht sich über dessen Vielwisserei etwas lustig. Unmittelbar anschließend, noch im gleichen Kapitel, spricht Kepler dann weiter über die Pythagoreer mit folgenden Worten:

»Die Pythagoreer waren dieser Art und Weise, in Zahlen zu philosophieren, so sehr ergeben, daß sie sich nicht einmal mehr an das Urteil des Gehörs hielten, obgleich dessen Aussagen den Ausgangspunkt für diese Philosophie gebildet hatten. Sie taten vielmehr dem natürlichen Instinkt des Gehörs Gewalt an und bestimmten rein nur aus den Zahlen, was melodisch, was unmelodisch und was konsonant, was dissonant sei. Diese Tyrannei herrschte in der Harmonielehre bis auf Ptolemaeus, der zuerst vor 1500 Jahren dem Gehörssinn gegen die pythagoreische Philosophie zum Recht verhalf ... So hat Ptolemaeus die pythagoreische Spekulation über den Ursprung der harmonischen

[15] Kepler spricht von ›Harmonien‹ oder ›Planetenharmonien‹, wo wir heute ›Intervallproportionen‹ sagen würden; es ist aber für unsere Ausführungen bedeutungsvoll, daß Kepler auch in mathematischen Zusammenhängen eine psychisch-qualitative Bezeichnung verwendet!

Proportionen als der Wahrheit ins Gesicht schlagend berichtigt.« ([74] S. 92 f.)

Diese kritische Einstellung zur pythagoreischen Musiktheorie befremdet zunächst, da doch bekannt ist, welche Hochschätzung Kepler Pythagoras zollte, ganz abgesehen davon, daß er in seiner empirischen Suche nach Proportionsgesetzen gerade in der *Weltharmonik* typisch pythagoreisch verfuhr (entsprechend dem Pythagoras zugeschriebenen Ausspruch: »Das Wesen der Dinge ist die Zahl«). Er sieht sich aber offensichtlich bei der Interpretation seiner Ergebnisse gezwungen, eben die seit der Antike bekannte Fähigkeit des Gehörs, Abweichungen zurechtzuhören, einer bestimmten Empfindungsqualität zuzuordnen, in seine Gesamtdarstellung einzubeziehen. Mit anderen Worten: Kepler verfährt zwar bei der Ermittlung der Quantitäten in pythagoreischem Sinn, faßt jedoch die Ergebnisse als Sinneserlebnisse qualitativ auf, ordnet die Zahlen dem »Urteil des Gehörs« unter.[16]

Über das Zurechthören wissen wir erst seit einigen Jahrzehnten nähere Einzelheiten. Zur Zeit Keplers hatte man noch die Vorstellung, daß jede Intervallempfindung bis zur Mitte der Hördistanz zwischen zwei benachbarten Intervallen (Halbtonschritt) reiche. Dies war offenbar auch Grundlage der Kritik von Athanasius Kircher ([76] zit. nach [101]) an Keplers harmonikaler Methode, der bemerkte, daß schließlich jede beliebige Zahl irgendeinem Intervall zugeordnet werden könne – ein Argument, das auch heute noch verwendet wird. Neuere Forschungen, über die wir an anderer Stelle zusammenfassend berichtet haben ([44]), haben aber klargestellt, daß diese alte Auffassung nicht stimmt, sondern lediglich bis höchstens 40% (durchschnittlich) zurechtgehört werden kann.

Wenn wir Keplers genaue Berechnungen, die er in seinem Kommentar angibt, auf dem Monochord einstellen, werden sie zum Teil verstimmt klingen – dann nämlich,

[16] Daß die qualitative Betrachtung der Intervalle nicht auf Ptolemaeus, sondern auf Aristoteles zurückgeht, sei nur am Rande vermerkt.

wenn die betreffende Proportion über 40% der Halbtondistanz liegt. Das ist die Folge der Beschaffenheit des menschlichen Gehörs, während es in der objektiven Natur keine Zurechthörbereiche gibt, sondern nur Gültigkeitsbereiche von Zahlen, deren Grenzen logischerweise in der Mitte zwischen zwei Hauptwerten (50% der Halbtondistanz) liegen. Um so wichtiger ist es daher, wenn Kepler nach Diskussion der Abweichungen ausdrücklich davon spricht, daß diese so nahe an eine Harmonie herankommen, daß das Ohr die Unvollkommenheit leicht unterscheiden kann.

Dadurch wird verständlich, daß Kepler trotz Erwähnung der Abweichungen in der zuvor abgebildeten Tabelle der Aphel- und Perihel-Winkelgeschwindigkeiten bei den Hauptverhältnissen die normalen Intervallbezeichnungen verwendet, also von großer Terz, kleiner Terz, Quinte usw. spricht. Das eigentliche Ergebnis sind für ihn eben letztlich psychische Empfindungen, und die können nach zeitgenössischer Auffassung bis zu 50% einer Halbtondistanz reichen. Fragwürdig bleibt nur, warum er sich nicht mit dieser Bezeichnung begnügt hat und sie nicht auch für die Intervalle zwischen den Planeten verwendete. Er fügte vielmehr die jeweils maßgebenden einfachen Zahlenverhältnisse hinzu – also 4 : 5 bei großer Terz, 5 : 6 bei kleiner Terz usw. –, und wir können nur annehmen, daß diese für ihn gleichsam zusammenfassende Symbole waren, deren Bedeutung ohnehin jedem Leser aus der nachfolgenden Diskussion klar werden mußte. Es könnte aber auch ein anderer Gedanke mitgespielt haben, für den wir freilich keinen Beleg haben. Diesen Gedanken haben wir schon früher ausgesprochen, ohne dabei allerdings an Kepler zu denken ([44] S. 46): Wenn im psychischen Bereich des Gehörs ein unbewußtes Zurechthören von abweichenden (z. B. auch verstimmten) Klängen geschieht, wenn also sozusagen ein Vergleich zwischen einem reinen und einem abweichenden Wert stattfindet und die Differenz zugleich ausgelöscht wird – woher ›weiß‹ dabei diese psychische Schicht, wohin korrigiert werden muß, da doch der richtige Wert gar nicht gleichzeitig erklingt? Wir werden daher zu der Vermutung gedrängt, daß es dort eine zusätzliche Disposition für die der reinen Intonation entsprechende Empfindung geben muß, die durch jene einfachen Zahlenverhältnisse gekennzeichnet ist, die Kepler hinzufügte! Hat Kepler etwa so gedacht und deshalb die einfachen Proportionen quasi als Orientierungspunkte in seine Tabelle eingefügt? Die qualitative und die quantitative Komponente eines Intervalles sind tatsächlich untrennbar verbunden, und diese Kopplung der beiden Bestandteile hat Kepler ebenfalls gekannt, wie folgendes Zitat beweist, das wir dem 4. Buch der *Weltharmonik* entnehmen: »Eine geeignete Proportion in den Sinnendingen[17] auffinden heißt, die Ähnlichkeit der Proportion in den Sinnendingen mit einem bestimmten, innen in der Seele vorhandenen Urbild einer echten und wahren Harmonie aufdecken, erfassen und ans Licht bringen.« ([74] S. 206)

Aus diesen Worten wird außerdem klar, daß Kepler auch an Platons Philosophie orientiert ist, was noch deutlicher wird, wenn wir den Kern dieses Zitates im lateinischen Originaltext wiedergeben, wo es heißt: »... verissimae Harmoniae Archetypo, qui intus est in Anima ...«

Die Wörter ›Urbild‹ und *Archetypo* weisen eindeutig auf Platon hin, der bekanntlich Urbilder (Ideen) metaphysischer Art im Jenseits annahm, nach denen ein Demiurg unsere materielle Welt in der Form von Abbildern schuf. Diese platonischen Ideen sind Summen von allgemeinen Wesensmerkmalen und können keine Spezifikationen beinhalten, die zu einem ihrer irdischen Abbilder gehören, und das gilt vor allem für alles Quantitative. Ein für diese Auffassung signifikantes Beispiel steht in seinem Dialog *Timaios* ([89] Bd. 3, S. 113 ff. / 35 A), bevor er schildert, wie der Demiurg die Weltseele gestaltet; dieser Text ist bekanntlich ein Geheimtext, dessen Lösung eine in genauen

[17] Vgl. Anm. 1.

Proportionen angegebene Tonleiter ist. Davor aber werden einige Hinweise zur Substanz gegeben, aus der die Weltseele geformt wird, u. a. mit folgenden Worten:

»Aus beiden, nämlich aus der unteilbaren und immer sich gleich bleibenden Wesenheit und sodann derjenigen, welche an den Körpern teilbar wird, mischte er sie als eine dritte Art von Wesenheit zusammen.«

Nun besteht aber jede Tonleiter aus Intervallen, und diese sind ambivalent qualitativ-quantitativ. Psychische Empfindungen und Abmessungen schwingender Tonerzeuger sind untrennbar verbunden, wie wir schon sagten. Platon bildet also eine Analogie zwischen diesen Merkmalen der Tonleiter und der Weltseele, die in ihrer Mittelstellung zwischen Himmel und Erde sinnvoll aus Urbildhaftem und Abbildhaftem zusammengefügt ist. Diese Timaios-Tonleiter wird damit zum Symbol für einen in Platons Philosophie wichtigen Gedankengang.[18] Kepler lehnt den Erkenntniswert von Symbolen freilich strikt ab: »Nichts wird durch Symbole bewiesen, nichts Verborgenes wird in der Naturphilosophie mit Hilfe von geometrischen Symbolen ans Licht gebracht. Es werden nur Dinge, die zuvor schon bekannt waren, in Beziehung gesetzt.« ([74] Einleitung S. 26)

Kepler erkennt also die nur stellvertretende Bedeutung von Symbolen, er weiß, daß zu jedem Symbol etwas Symbolisiertes gehört, und er ist der Auffassung, daß hinter den aus der Antike überlieferten symbolhaften Äußerungen aus der pythagoreisch-platonischen Tradition wahre Sachverhalte stehen, deren Beweis er in der Astronomie anstrebt. Das Ergebnis ist schließlich seine *Weltharmonik*.

In dem obigen Kepler-Zitat liegt der Schwerpunkt aber auf einem weiteren typisch platonischen Gedanken, daß nämlich in der Seele Urbilder vorhanden seien. Damit wird hingewiesen auf Platons Lehre, die menschliche Seele habe vor der (Wieder-) Geburt Einblick in den Ideenhimmel gehabt, wo sich die Urbilder real befinden sollen, und

[18] Wir sprechen daher auch von ›harmonikaler Symbolik‹.

die Erinnerung daran nimmt sie unbewußt in ihre irdische Existenz mit. Kepler spricht aber an dieser Stelle von der psychischen Empfindung von Proportionen, und diese hat demzufolge urbildhaften Charakter, stammt letztlich von den transzendenten Ideen und besitzt daher einen höheren Rang als die in der irdischen Natur in Form von Zahlen vorhandenen Abbilder. Das sagt Kepler, indem er das obige Zitat fortsetzt mit den Worten: »... daß aber diese Proportion harmonisch ist, bewirkt die Seele durch die Vergleichung mit ihrem Urbild. Die Proportion könnte nicht harmonisch genannt werden, sie besäße keinerlei Kraft, die Gemüter zu erregen, wenn dieses Urbild nicht wäre.« ([74] S. 207)

Kepler meint also, daß bei der Darstellung harmonikaler Naturgesetze die qualitative Komponente der Intervalle das Wesentliche ist, da durch sie erst eine Beurteilung möglich wird – und dieses Vermögen der Seele hat metaphysischen Ursprung! Damit wird zur Gewißheit, was wir schon andeuten konnten, daß eben auch in der Tabelle der Winkelgeschwindigkeiten für Kepler die Sinnesqualitäten das Wichtigste sind, deren materielle Komponente durch einfache Proportionen gekennzeichnet ist. Die Abweichungen von diesen haben daher für ihn nur untergeordnete Bedeutung.

Diese Ausführungen sollten über den eigentlichen Anlaß, die Tabelle der Winkelgeschwindigkeiten, hinaus noch eines deutlich machen: daß Kepler sozusagen zwischen Pythagoras und Platon steht; er geht in Anlehnung an Pythagoras empirisch vor und sucht Zahlengesetze von ›Abbildern‹ in der irdischen Welt, aber er weiß um die Abhängigkeit aller Abbilder von Urbildern und interpretiert daher die Ergebnisse seiner wissenschaftlichen Forschungen im Sinne Platons.

Ioannis Kepleri

MATHEMATICI,

PRO SVO OPERE HARMONICES MVNDI

APOLOGIA.

ADVERSVS DEMONSTRATIONEM Analyticam CL. V. D. Roberti de Fluctibus Medici Oxoniensis.

IN QVA ILLE SE DICIT RESPONDERE ad Appendicem dicti Operis.

FRANCOFVRTI
Sumptibus GODEFRIDI TAMPACHII.

ANNO M. DC. XXII.

[1] Albersheim, Gerhard: Zur Musikpsychologie. Wilhelmshaven 1974. (Taschenbücher zur Musikwissenschaft 3)

[2] Amstutz, Gerhardt Christian: Symmetrie in Natur und Kunst. In: Der Aufschluß, Jg. 17, H. 6 (1966) Göttingen, S. 143–56.

[3] Aristoteles: Über den Himmel. Vom Werden und Vergehen. Hrsg., übertragen und erläutert von Paul Gohlke. Paderborn 1958.

[4] Baumgardt, Carola: Johannes Kepler. Leben und Briefe. Wiesbaden 1953. (Limes-Bücher 2)

[5] Bense, Max: Konturen einer Geistesgeschichte der Mathematik. (2 Bde.) Hamburg 1946 und 1949.

[6] Bialas, Volker: Die Bedeutung des dritten Planetengesetzes für das Werk von Johannes Kepler. In: Philosophia Naturalis, Bd. 13 (1971) Meisenheim, S. 42–55.

[7] Bindel, Ernst: Harmonien im Reich der Geometrie. In Anlehnung an Keplers Weltharmonik. Stuttgart 1964.

[8] Brockhaus Enzyklopädie (6. Bd.). 17. Aufl., Wiesbaden 1969.

[9] The Cambridge Encyclopaedia of Astronomy. London 1977. [Deutsche Ausgabe unter dem Titel Cambridge Enzyklopädie der Astronomie, München 1980]

[10] Camerarius, Joachim: Libellus scholasticus. Basel 1551.

[11] Caspar, Max: Bibliographia Kepleriana. Führer durch das gedruckte Schrifttum von Johannes Kepler. München 1936; 2. Aufl., besorgt von Martha List, München 1968.

[12] –; von Dyck, Walter (Hrsg.): Johannes Kepler in seinen Briefen. (2 Bde.) München 1930.

[13] Dickreiter, Michael: Der Musiktheoretiker Johannes Kepler. Bern 1973. (Neue Heidelberger Studien zur Musikwissenschaft 5)

[14] Düring, Ingemar: Ptolemaios und Porphyrios über die Musik. Göteborg 1934. (Göteborgs Högskolas Årsskrift Bd. 40, Nr. 1)

[15] Eggeling, Helmut: Kriterien semantischer und ästhetischer Information bei absoluter Musik. In: Praxis und Perspektiven des programmierten Unterrichts (Referate des V. Symposions über Lehrmaschinen), Bd. 2, Quickborn 1967, S. 37–41.

[16] Galilei, Galileo: Siderius nuncius, Nachricht von neuen Sternen ... [u. a.]. Hrsg. und eingeleitet von Hans Blumenberg. Frankfurt 1965. (sammlung insel 1)

[17] Ghisler, Franz: Aspektharmonie in der Praxis. In: Kosmobiologie, Jg. 31, H. 10 (1964) Aalen, S.233–34.

[18] Goldschmidt, Victor: Über Harmonie und Complication. Berlin 1901.

[19] –: Über Harmonie im Weltenraum, ein Beitrag zur Kosmogonie. In: Annalen der Naturphilosophie, Bd. 5, H. 1 (1906) Leipzig, S. 51–110.

[20] –: Über das Wesen der Kristalle. In: Annalen der Naturphilosophie, Bd. 9, H. 2 (1910) Leipzig, S. 120–39.

[21] –: Harmonie im Reich der Planetoiden. In: Annalen der Naturphilosophie, Bd. 11, H. 4 (1912) Leipzig, S. 383–92.

[22] –: Über Complication und Displication. Heidelberg 1921. (Sitzungsberichte der Heidelberger Akademie der Wissenschaften, mathematisch-naturwissenschaftliche Klasse, Abhandlung 12)

[23] –: Materialien zur Musiklehre. (2 Bde.) Heidelberg 1925. [Ursprünglich erschienen als Heft 1–6 der Materialien zur Naturphilosophie 2, Heidelberg 1923–25]

[24] –: Der Planet Pluto und die Harmonie der Sphären. Heidelberg 1932. (Heidelberger Akten der Von-Portheim-Stiftung, H. 18)

[25] Günther, Gotthard: Das Bewußtsein der Maschinen. (2., erw. Aufl.) Krefeld u. Baden-Baden 1964.

[26] Günther, Ludwig: Die Mechanik des Weltalls. Eine volkstümliche Darstellung der Lebensarbeit Johannes Keplers, besonders seiner Gesetze und Probleme. Leipzig 1909.

[27] Haase, Rudolf: Musik und Astrologie. In: Musica, Jg. 5, H. 12 (1951) Kassel, S. 511–13.

[28] –: Keplers Weltharmonik und das naturwissenschaftliche Denken. In: Antaios, Bd. 5, Nr. 3 (1963) Stuttgart, S. 225–36. Außerdem in: Zeitschrift für Ganzheitsforschung, Jg. 12, H. 3 (1968) Wien, S. 145–53.

[29] –: Leibniz und die Musik. Ein Beitrag zur Geschichte der harmonikalen Symbolik. Hommerich 1963; 2. Aufl. 1965.

[30] –: Die harmonikale Struktur der Mendelschen Gesetze. In: Zeitschrift für Ganzheitsforschung, Jg. 9, H. 4 (1965) Wien, S. 220–25.

[31] –: Grundlagen der harmonikalen Symbolik. München 1966.

[32] –: Die Ziele der harmonikalen Grundlagenforschung. In: Österreichische Musikzeitschrift, Jg. 22, H. 6 (1967) Wien, S. 357–60.

[33] –: Hans Kayser. Ein Leben für die Harmonik der Welt. Basel 1968.

[34] –: Albert von Thimus, ein vergessener Musikforscher. In: Musikerziehung, Jg. 22, H. 1 (1968 / 69) Wien, S. 31–32.

[35] –: Geschichte des harmonikalen Pythagoreismus. Wien 1969. (Publikationen der Wiener Musikakademie 3)

[36] –: Die harmonikalen Wurzeln der Musik. Wien 1969. (Beiträge zur harmonikalen Grundlagenforschung, H. 2)

[37] –: Harmonikale Gesetze in der Natur. In: Zeitschrift für Ganzheitsforschung, Jg. 14, H. 2 (1970) Wien, S. 81–102.

[38] –: Leitfaden einer harmonikalen Erkenntnislehre. München 1970.

[39] –: Eine unbekannte pythagoreische Tafel. In: Antaios, Bd.12, Nr. 4 (1970) Stuttgart, S. 357–65.

[40] –: Marginalien zum dritten Keplerschen Gesetz. In: Kepler-Festschrift 1971. Redaktion: Ekkehard Preuss. Regensburg 1971, S. 159–65.

[41] –: Der meßbare Einklang. Grundzüge einer empirischen Weltharmonik. Stuttgart 1976.

[42] –: Über das disponierte Gehör. Wien 1977. (Fragmente als Beiträge zur Musiksoziologie 4)

[43] –: Die Musikdisposition des Gehörs. Zürich 1979. (Die Psychologie des 20. Jahrhunderts, Bd. 15)

[44] –: Harmonikale Synthese. Wien 1980. (Beiträge zur harmonikalen Grundlagenforschung, H. 12)

[45] –: Ordnungsmuster und Musterordnung in der Entfaltung des harmonikalen Weltbildes. In: Wissensstrukturen und Ordnungsmuster. Hrsg. von der Gesellschaft für Klassifikation. Frankfurt 1980. (Studien zur Klassifikation, Bd. 9)

[46] –: Der harmonikale Strukturalismus als Modell kosmischer Analogien. In: Kosmopathie: Der Mensch in den Wirkungsfeldern der Natur. Hrsg. von Andreas Resch. Insbruck 1981. (Imago Mundi, Bd. 8)

[47] Handschin, Jacques: The »Timaeus« Scale. In: Musica Disciplina, vol. 4, fasc. 1 (1950) Rom, S. 3–42.

[48] Harburger, Walter: Johannes Keplers mystische Sendung. In: Festschrift für Hans Ludwig Held. München 1950, S. 76–79.

[49] Heitler, Walter: Der Mensch und die naturwissenschaftliche Erkenntnis. 2. Aufl., Braunschweig 1962 [zit. als Nr. 49a]; 4. Aufl., Braunschweig 1966 [zit. als 49b]. (Die Wissenschaft, Bd. 116)

[50] –: Ehrfurcht vor dem Leben – warum? In: Zeitschrift für Ganzheitsforschung Jg. 23 (1979) Wien, S. 206–15.

[51] –: Harmonik – ein komplementärer Aspekt zur analytischen Wissenschaft. In: Festschrift Rudolf Haase. Hrsg. von Werner Schulze. Eisenstadt 1980.

[52] Hildebrandt, Gunther: Physiologische Grundlagen für eine tageszeitliche Ordnung der Schwitzprozeduren. In: Zeitschrift für klinische Medizin 152 (1954) Berlin, S. 446–68.

[53] –: Grundlagen einer angewandten medizinischen Rhythmusforschung. In: Die Heilkunst 71 (1958) München, S. 1–19.

[54] –: Die rhythmische Funktionsordnung von Puls und Atmung. Stuttgart 1960. [Habilitationsschrift]

[55] –: Rhythmus und Regulation. In: Die medizinische Welt 2 (1961) Stuttgart, S. 1–27.

[56] –: Die Koordination rhythmischer Funktionen beim Menschen. In: Verhandlungen der deutschen Gesellschaft für innere Medizin, 73. Kongreß. München 1967, S. 921–41.

[57] –: Meßkriterien der rhythmischen Funktionsordnung des Menschen. In: Objektivierung funktioneller Störungen mit physikalischen Meßmethoden in Klinik und Praxis: Bericht über die 11. Arbeitstagung des Arbeitskreises für Neurovegetative Theraphie. Hrsg. von Dieter Gross und E. Witzleb. Stuttgart 1972. (Therapie über das Nervensystem, Bd. 10)

[58] Hüschen, Heinrich: Der Harmoniebegriff im Musikschrifttum des Alter-

tums und des Mittelalters. In: Bericht über den 7. internationalen musikwissenschaftlichen Kongreß, Köln 1958. Kassel 1959, S. 143–50.

[59] Husmann, Heinrich: Vom Wesen der Konsonanz. Heidelberg 1953. (Musikalische Gegenwartsfragen 3)

[60] Iamblichos: Vom pythagoreischen Leben. (De vita pythagorica liber). Griechisch und deutsch, hrsg., übersetzt und eingeleitet von Michael von Albrecht. Zürich 1963.

[61] Jahoda, Gerhard: Identische Strukturen pythagoreischer Zahlenschemata. Wien 1971. (Beiträge zur harmonikalen Grundlagenforschung 3)

[62] Jung, Carl Gustav: Briefe, Bd. 3 (1956–61). Hrsg. von Aniela Jaffé in Zusammenarbeit mit Gerhard Adler. Olten und Freiburg 1973.

[63] Kayser, Hans: Der hörende Mensch. Elemente eines akustischen Weltbildes. Berlin 1932.

[64] –: Harmonia plantarum. Basel 1943.

[65] –: Ein harmonikaler Teilungskanon. Analyse einer geometrischen Figur im Bauhüttenbuch Villard de Honnecourt. Zürich 1946. (Harmonikale Studien 1)

[66] –: Abhandlungen zur Ektypik harmonikaler Wertformen. Zürich 1946 (1938).

[67] –: Johannes Kepler und die Sphärenharmonie. In: Schweizer Rundschau, H. 7 / 8 (1946 / 47) Einsiedeln, S. 3–11.

[68] –: Lehrbuch der Harmonik. Zürich 1950.

[69] –: Orphikon. Eine harmonikale Symbolik. Aus dem handschriftlichen Nachlaß hrsg. von Julius Schwabe. Basel und Stuttgart 1973.

[70] Kepler, Johannes: Das Weltgeheimnis. Mysterium cosmographicum. Übersetzt und eingeleitet von Max Caspar. Augsburg 1923; neue Ausgabe München und Berlin 1936.

[71] –: Astronomiae pars optica. München 1934 (Frankfurt 1604). (Gesammelte Werke, Bd. 2, hrsg. von Franz Hammer)

[72] –: Astronomia nova. München 1937 (Heidelberg 1609). (Gesammelte Werke, Bd. 3, hrsg. von Max Caspar)

[73] –: Tertius interveniens, das ist, Warnung an etliche Theologos, Medicos vnd Philosophos. München 1941 (Frankfurt 1610). (Gesammelte Werke, Bd. 4, hrsg. von Max Caspar und Franz Hammer)

[74] –: Weltharmonik. Übersetzt und eingeleitet von Max Caspar. München 1939; 2. Aufl. Darmstadt 1967.

[75] –: Prodromus Dissertationum cosmographicarum continens mysterium cosmographicum. München 1963 (Frankfurt 1621; erweiterte Fassung der Erstausgabe von 1596; vgl. [70]). (Gesammelte Werke, Bd. 8, hrsg. von Franz Hammer)

[76] Kircher, Athanasius: Musurgia universalis. Hildesheim und New York 1970 [Faksimile-Ausgabe, eingeleitet von Ulf Scharlau] (Rom 1650).

[77] Koch, Walter: Aspektlehre nach Johannes Kepler. Hamburg 1952.

[78] Koller, Hermann: Das Modell der griechischen Logik. In: Glotta, Bd. 38, H. 1 / 2 (1959) Göttingen, S. 61–74.

[79] –: Die dihäretische Methode. In: Glotta, Bd. 39, H. 1/2 (1960) Göttingen, S. 6–24.

[80] –: Musik und Dichtung im alten Griechenland. Bern und München 1963.

[81] Laplace, Pierre-Simon: Exposition du système du monde. Paris 1808.

[82] –: Précis de l'histoire d'astronomie. Paris 1821.

[83] List, Martha: Bibliographia Kepleriana 1967–1975. [Nebst] Supplement 1975–1978. In: Vistas in Astronomy, vol. 18 Oxford & New York 1975, S. 957–1010; vol. 22 (1978), S. 1–18.

[84] Matthieu, Paul: Die Rolle der Analogien in der angewandten Mathematik. In: Vierteljahresschrift der Naturforschenden Gesellschaft in Zürich, Jg. 96, Nr. 2 (1951), S. 103 ff.

[85] Mersenne, Marin: Harmonie universelle. (3 Bde.) Paris 1975 [Faksimile-Ausgabe der Erstausgabe von 1636, eingeleitet von François Lesure]. (Éditions du Centre National de la Recherche Scientifique)

[86] Moewus, Franz: Zur Genetik und Physiologie der Kern- und Zellteilung. In: Forschungen und Fortschritte, Jg. 25, H. 5 / 6 (1949) Berlin, S.67–68.

[87] Nádor, Georg: Die heuristische Rolle des Harmoniebegriffs bei Kepler. In: Studium Generale, Jg. 19, H. 9 (1966) Berlin, S. 555–58.

[88] Neuhaus, Walter: Sinnesphysiologie und Neurologie der Tiere in ihrer Bedeutung für die Verhaltensforschung am Menschen. In: Keiter, Friedrich (Hrsg.): Verhaltensforschung im Rahmen der Wissenschaften vom Menschen. Göttingen 1969, S. 17–28.

[89] Platon: Sämtliche Werke [deutsch]. (3 Bde.) Berlin o. J. [1940].

[90] –: Timaeus a Calcidio translatus commentarioque instructus. Edidit Jan Hendrik Waszink. London und Leiden 1962. (Plato Latinus, vol. 4)

[91] Portmann, Adolf: An den Grenzen des Wissens. Vom Beitrag der Biologie zu einem neuen Weltbild. Wien 1974.

[92] Rookes, D.: Leserbrief in: Nature, Bd. 227 (1970) London, S. 981.

[93] Schneider, Marius: Die musikalischen Grundlagen der Sphärenharmonie. In: Acta musicologica, Bd. 32, Fasz. 2 / 3 (1960) Kassel, S. 136–51.

[94] Schwabe, Julius: Archetyp und Tierkreis. Grundlinien einer kosmischen Symbolik und Mythologie. Basel 1951.

[95] –: Arithmetische Tetraktys, Lambdoma und Pythagoras. In: Antaios, Bd. 8, Nr. 5 (1967) Stuttgart, S. 421–49.

[96] Simson, Otto von: Die gotische Kathedrale. Beiträge zu ihrer Entstehung und Bedeutung. Darmstadt 1979 (New York 1956).

[97] Speiser, Andreas: Die mathematische Denkweise. Zürich 1932.

[98] Sticker, Bernhard: Naturam cognosci per analogiam. Das Prinzip der Analogie in der Naturforschung bei Leibniz. In: Akten des internationalen Leibniz-Kongresses Hannover, 14.–19. November 1966, Bd. 2 (Mathematik – Naturwissenschaften). Wiesbaden 1969, S. 176–96.

[99] Thimus, Albert von: Die harmonikale Symbolik des Alterthums. (2 Bde.) Hildesheim 1972 (Köln 1868–1876).

[100] Uden, A. v.: Möglichkeit und Verwertung der Lautempfindung bei taubstummen Kindern. In: Neue Blätter für Taubstummenbildung, Jg. 9 (1955) Heidelberg, S. 152–72.

[101] Walker, Daniel P.: Keplers Himmelsmusik. In: Carl Dahlhaus u. a.: Hören, Messen und Rechnen in der frühen Neuzeit. Darmstadt 1987, S. 81–108. (Geschichte der Musiktheorie, Bd. 6)

[102] Walther, Johann Gottfried: Praecepta der musicalischen Composition. Leipzig 1955. Nach dem autographen Manuskript hrsg. von Peter Benary. (Jenaer Beiträge zur Musikforschung 2)

[103] Warrain, Francis: Essai sur L'Harmonices mundi ou musique du monde de Johann Kepler. (2 Bde.) Paris 1942. (Actualités scientifiques et industrielles 912, 913)

[104] Whewell, William: Geschichte der inductiven Wissenschaften, der Astronomie, Physik, Mechanik, Chemie, Geologie etc. von der frühesten bis zu unserer Zeit. Stuttgart 1840 (London 1837).

[105] Winckel, Fritz: Neue Wege der mathematischen Analyse von Musikstrukturen. In: Festschrift 1817–1967 Akademie für Musik und darstellende Kunst in Wien. Wien 1967, S. 78–88.

[106] Wolf, Lothar: Symmetrie, Harmonie und Bauplan in Mathematik und Naturwissenschaft. In: Beiträge zur christlichen Philosophie, H. 3. (1948) Mainz, S. 23–55.